Harald Nahrstedt

Statik – Kinematik – Kinetik für AOS-Rechner

W0255061

Anwendung programmierbarer Taschenrechner

Band 1	Angewandte Mathematik – Finanzmathematik – Statistik – Informatik für UPN-Rechner, von H. Alt
Band 2	Allgemeine Elektrotechnik – Nachrichtentechnik – Impulstechnik für UPN-Rechner, von H. Alt
Band 3/I	Mathematische Routinen der Physik, Chemie und Technik für AOS-Rechner Teil I, von P. Kahlig
Band 3/II	Mathematische Routinen für Physik, Chemie und Technik für AOS-Rechner Teil II, von P. Kahlig
Band 4	Statik – Kinematik – Kinetik für AOS-Rechner, von H. Nahrstedt
Band 5	Numerische Mathematik. Programme für den TI-59, von J. Kahmann
Band 6	Elektrische Energietechnik – Steuerungstechnik – Elektrizitätswirtschaft für UPN-Rechner, von H. Alt

Anwendung programmierbarer Taschenrechner

Band 4

Harald Nahrstedt

Statik – Kinematik – Kinetik für AOS-Rechner

Mit 30 vollständigen Programmen, 140 Abbildungen und 60 Tabellen

Friedr. Vieweg & Sohn Braunschweig/Wiesbaden

CIP-Kurztitelaufnahme der Deutschen Bibliothek

Nahrstedt, Harald:
Statik, Kinematik, Kinetik für AOS-Rechner/
Harald Nahrstedt. – Braunschweig, Wiesbaden:
Vieweg, 1980.
(Anwendung programmierbarer Taschenrechner;
Bd. 4)
ISBN 978-3-528-04169-4 ISBN 978-3-322-88844-0 (eBook)
DOI 10.1007/978-3-322-88844-0

1980

Alle Rechte vorbehalten
© Friedr. Vieweg & Sohn Verlagsgesellschaft mbH, Braunschweig 1980

Die Vervielfältigung und Übertragung einzelner Textabschnitte, Zeichnungen oder Bilder, auch für Zwecke der Unterrichtsgestaltung, gestattet das Urheberrecht nur, wenn sie mit dem Verlag vorher vereinbart wurden. Im Einzelfall muß über die Zahlung einer Gebühr für die Nutzung fremden geistigen Eigentums entschieden werden. Das gilt für die Vervielfältigung durch alle Verfahren einschließlich Speicherung und jede Übertragung auf Papier, Transparente, Filme, Bänder, Platten und andere Medien.

Satz: Friedr. Vieweg & Sohn, Braunschweig

ISBN 978-3-528-04169-4

Vorwort

Dieser Band ist Bestandteil einer Reihe über die Anwendung programmierbarer Taschenrechner in Naturwissenschaft und Technik. Er versteht sich nicht als Lehrbuch, sondern als Grundlage und Anregung zur Erstellung eigener Programme für den jeweils vorhandenen Rechnertyp (jeglicher Notation). Aus dieser Sicht ist auch das breite Spektrum der Anwendungsbeispiele zu sehen. Es ging mir bei den Programmen in erster Linie um eine klare, übersichtliche Form und nicht um die Ausnutzung bestimmter Typ-Eigenheiten.

Dieses Buch wendet sich an Ingenieure und Techniker, sowie auch an Studenten der Universitäten und Fachhochschulen. Weiterhin soll es als Anregung zum Einsatz des programmierbaren Taschenrechners beim praktischen Physikunterricht in allgemeinbildenden Schulen dienen und gewisse, noch herrschende Vorurteile abbauen. Es lassen sich Zusammenhänge demonstrieren, die auch experimentell nicht darstellbar sind (z.B. die Planetengesetze). Darüberhinaus zeigen sich auf natürliche Weise die Beziehungen zwischen Bewegung und mathematischem Gesetz. Aber auch dem interessierten Laien wird durch die kurze Einführung zum Themengebiet eine Einarbeitung ermöglicht. Es wird außerdem eine gewisse Kenntnis in der Taschenrechnerprogrammierung, insbesondere zu den Typen TI 58/59, vorausgesetzt. Eventuell ist das in der Literatur angegebene Einführungsbuch [1] zu lesen.

Der Inhalt dieses Bandes umfaßt die Technische Mechanik mit ihren Teilgebieten Kinematik, der Lehre von den allgemeinen Bewegungsvorgängen, und der Dynamik, der Lehre von den Kräften. Letzere unterteilt sich wiederum in die Statik, der Lehre vom Gleichgewicht der Körper, und der Kinetik, der Lehre von den Körperbewegungen durch Kräfte. Da die Kinematik Grundlagen der Kinetik behandelt, die Statik jedoch allgemeine Grundlagen betrachtet, ist in diesem Buch die Reihenfolge Statik/Kinematik/Kinetik gewählt worden. Die Programme sind so allgemein gehalten, daß sie ein möglichst umfassendes Teilgebiet dieser Gliederung erfassen.

Durch die Anregung von Herrn H. J. Niclas, Lektor im Vieweg Verlag, entstand dieser Band. Ihm und dem Verlag Vieweg möchte ich an dieser Stelle für die freundliche Aufnahme danken. Weiterer Dank gebührt Herrn K. Nielsen, Produkt Marketing Manager von Texas Instruments und Herrn K. H. Burkart, für ihre hilfreiche Unterstützung. Zuletzt gilt mein besonderer Dank all denjenigen, die direkt oder indirekt, zur Entstehung dieses Buches beigetragen haben und damit insbesondere meiner Frau (Ulrike) für ihre tatkräftige Unterstützung bei der Manuskriptbearbeitung.

Hamm, September 1979 *Harald Nahrstedt*

Inhaltsverzeichnis

1 Einführung

Bei der Lösung naturwissenschaftlicher und technischer Probleme, gewinnen neben den analytischen Methoden die numerischen immer mehr an Bedeutung. Die Entwicklung einer exakten Lösung (sofern sie überhaupt existiert), ist in der Regel mit erheblich größerem Aufwand verbunden, als der Einsatz eines Näherungsverfahrens. Zumal die so erhaltene Näherungslösung der exakten Lösung beliebig angenähert werden kann. Die dabei auftretenden umfangreichen Rechnungen erledigt üblicherweise eine EDV-Anlage. Die zunehmenden Speicher- und Strukturerweiterungen programmierbarer Taschenrechner lassen in dieser Hinsicht ihren Einsatz immer interessanter erscheinen. Durch ihre Ortsgebundenheit und den damit verbundenen direkten Einsatz nicht nur am Arbeitsplatz, bilden sie eine sinnvolle Ergänzung vorhandener größerer Anlagen.

1.1 Algorithmen und Flußdiagramme

Jedem automatisierten Prozeß liegt ein Algorithmus zugrunde. Umgekehrt ist auch bisher kein anderer Weg bekannt, einen Prozeß zu automatisieren, als ihn zu algorithmisieren. Das heißt endliche, linear folgende Regeln festzulegen, nach denen ein vorhandener oder zu konstruierender Automat durch Eingabewerte und sinnvolle Umformungen, Ausgabewerte (Ergebnisse) erzeugt. Da ein programmierbarer Taschenrechner ein ebensolcher Automat ist, bedarf es zu seiner Nutzung solcher Algorithmen. Die exakte Formulierung eines Algorithmus in der Weise, daß sie vom Rechner „verstanden" und nachvollzogen werden kann, nennt man Programm. Damit haben wir alle Stufen der Programmentwicklung angedeutet.

Sie beginnt bei der Problemanalyse und der Feststellung durchzuführender Regeln. Den so, mitunter schriftlich fixierten Algorithmus, kann man mit Hilfe eines Flußdiagramms graphisch anschaulich wiedergeben. Wie immer, wenn die Umgangssprache unzureichend ist, bedient man sich einer speziellen Sprachform. So ist es in der Technik die Technische Zeichnung und in der Informatik das Flußdiagramm. Es besteht vorwiegend aus den in Bild 1.1 gezeigten einfachen Sprachsymbolen.

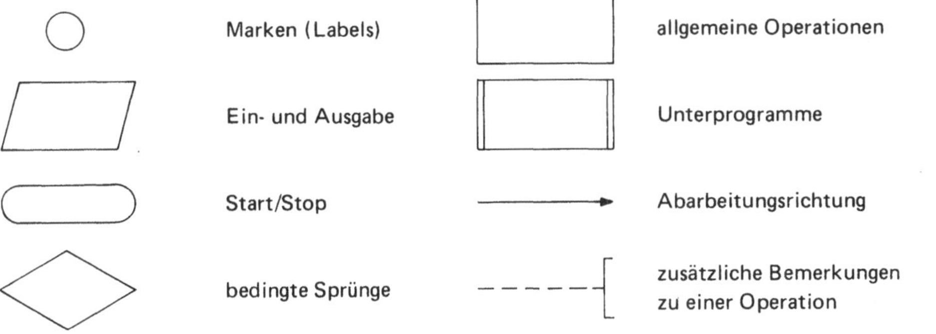

Bild 1.1

Das nachfolgende, sehr einfache Beispiel, zeigt die Schritte zur Programmentwicklung exemplarisch.

Gesucht ist ein Programm zum Wurzelziehen aus beliebig reellen Zahlen. Kurz

$$f(x) = \sqrt{x}, \qquad x \in \mathbb{R}$$

Die Problemanalyse liefert einen Gültigkeitsbereich der Funktion für alle positiv reellen Zahlen. Ein möglicher Algorithmus ist damit:

1. Lies x ein
2. Ist $x < 0$, dann weiter bei 6.
3. Bilde $y = \sqrt{x}$
4. Gib y aus
5. Stop
6. ‚Fehlermeldung'
7. Stop

Es gäbe auch z.B. noch die Möglichkeit, nach der Fehlermeldung $|x|$ zu bilden und nach 3. zu gehen, etc.
Das Flußdiagramm in Bild 1.2 macht den Algorithmus noch anschaulicher. Der für den TI 58/59 modifizierte Algorithmus, also das Programm, hat dann die in Tabelle 1.1 wiedergegebene Form. Bild 1.3 zeigt die Programmanwendung an zwei Beispielen.

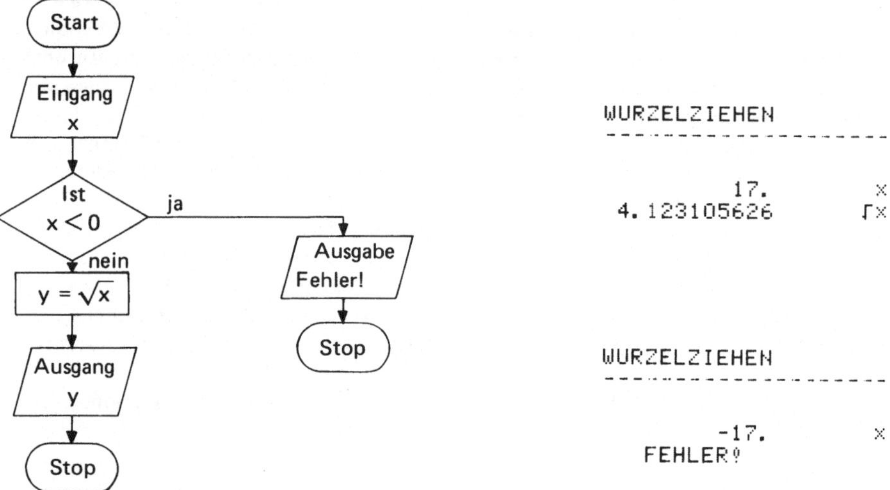

Bild 1.2
Flußdiagramm zum Problem Wurzelziehen

Bild 1.3
Anwendung des Wurzelprogramms an zwei Beispielen

Mit Hilfe der in Bild 1.1 beschriebenen Symbole, läßt sich auch die Wirkung des Dsz-Befehls (decrement and skip on zero) in seiner hauptsächlichen Anwendung als Zähler erklären. Bild 1.4 zeigt diese Anwendung im Flußdiagramm.

Tabelle 1.1 Programm-Wurzelziehen

Start und Ausdruck Wurzelziehen

000	76	LBL
001	11	A
002	25	CLR
003	69	OP
004	00	00
005	04	4
006	03	3
007	04	4
008	01	1
009	03	3
010	05	5
011	04	4
012	06	6
013	01	1
014	07	7
015	69	OP
016	01	01
017	02	2
018	07	7
019	04	4
020	06	6
021	02	2
022	04	4
023	01	1
024	07	7
025	02	2
026	03	3
027	69	OP
028	02	02
029	01	1
030	07	7
031	03	3
032	01	1
033	00	0
034	00	0
035	00	0
036	00	0
037	00	0
038	00	0
039	69	OP
040	03	03
041	69	OP
042	05	05

Ausdruck – gestrichelte Linie –

043	69	OP
044	00	00
045	02	2
046	00	0
047	02	2
048	00	0
049	02	2
050	00	0
051	02	2
052	00	0
053	02	2
054	00	0
055	69	OP
056	01	01
057	69	OP
058	02	02
059	69	OP
060	03	03
061	69	OP
062	04	04
063	69	OP
064	05	05
065	98	ADV
066	69	OP
067	00	00
068	05	5
069	00	0
070	69	OP
071	04	04

Eingabe und Ausdruck

072	91	R/S
073	69	OP
074	06	06

Bedingte Abfrage, Berechnung und Ausdruck

075	32	X:T
076	05	5
077	02	2
078	05	5
079	00	0
080	69	OP
081	04	04
082	00	0
083	32	X:T
084	22	INV
085	77	GE
086	16	A'
087	34	ΓX
088	69	OP
089	06	06
090	98	ADV
091	98	ADV
092	98	ADV
093	98	ADV
094	91	R/S

Fehlermeldung bei negativem Eingabewert

095	76	LBL
096	16	A'
097	69	OP
098	00	00
099	02	2
100	01	1
101	01	1
102	07	7
103	69	OP
104	01	01
105	02	2
106	03	3
107	02	2
108	07	7
109	01	1
110	07	7
111	03	3
112	05	5
113	07	7
114	03	3
115	69	OP
116	02	02
117	69	OP
118	05	05
119	98	ADV
120	98	ADV
121	98	ADV
122	98	ADV
123	91	R/S

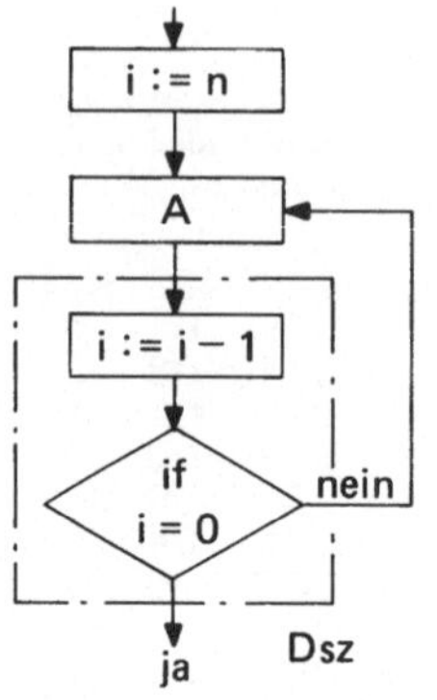

Bild 1.4 Die Anwendung des Dsz-Befehls als Zähler für Programmschleifen

Ein Zähler i wird auf die Anzahl n gesetzt, die eine Befehlsfolge A abgearbeitet werden soll. In der Befehlsfolge A läßt sich der Zähler auch direkt oder indirekt als Adresse verwenden.
Das in allen Flußdiagrammen auftretende Zuweisungszeichen (:=) ist nicht mit dem mathematischen Gleichheitszeichen zu verwechseln. Die in Bild 1.4 verwendete Zuweisung

$$i := i - 1$$

ist mathematisch wenig sinnvoll, bedeutet aber informatisch die Verminderung des Wertes i um 1. Damit ist die Funktion des Zuweisungszeichens beschrieben. Der rechts des Zeichens stehende Ausdruck wird als Ergebnis der links stehenden Variablen zugewiesen.

1.2 AOS-Technik

Auf dem derzeitigen Markt für programmierbare Taschenrechner unterscheiden wir zwei Systeme, die mit algebraischer und die mit umgekehrter polnischer Notation. Mit den Wirkungsweisen und Zusammenhängen habe ich mich in [10] umfassend auseinandergesetzt. Da diesem Buch der TI58/59 zugrunde liegt, will ich auf das algebraische Organisationssystem (AOS) noch etwas eingehen. Eine umfangreiche Beschreibung finden Sie in [1].
Jedem Computer, auch einem programmierbaren Taschenrechner, liegt die in Bild 1.5 dargestellte Grundstruktur zugrunde.

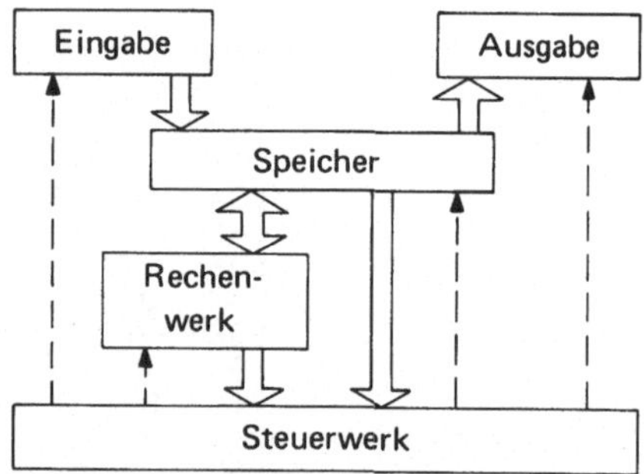

Bild 1.5
Grundstruktur eines Computers
(⟹ Daten, - -▸ Steuerbefehle)

Die darin enthaltene Speichereinheit läßt sich, wie in Bild 1.6 dargestellt, in 3 logische Einheiten aufteilen. Die Grenze zwischen DSE und PSE ist beim TI/58/59 variabel und man spricht von einer sogenannten dynamischen Speicherverwaltung. Die ASE hat bei der AOS-Technik einen Hauptspeicher, den sogenannten Akkumulator. Außerdem bedient sich die ASE einer Vielzahl von Hilfsspeichern, zur Speicherung von Zwischenergebnissen. Diese Speicherung ist, im Gegensatz zur umgekehrten polnischen Notation, ohne Einfluß vom Benutzer und geschied nach den Gesetzen der Algebra. Den graphischen Zusammenhang gibt Bild 1.7 wieder.

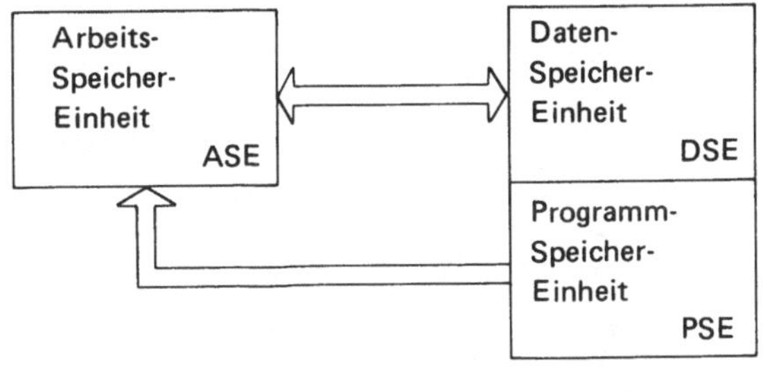

Bild 1.6
Gliederung der Speichereinheit

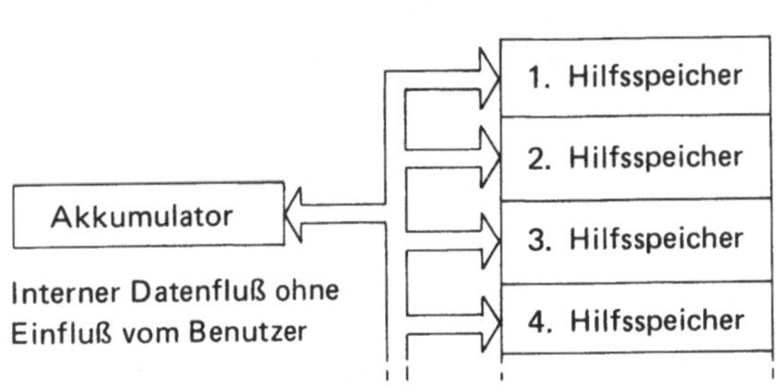

Bild 1.7
Arbeitsspeichereinheit (ASE) bei algebraischer Notation

Wird nun ein geladenes Programm in der PSE aufgerufen, so veranlaßt dieses, über die Steuereinheit, den Transport von Werten, aus der DSE, der PSE oder über die Eingabe, in den Akkumulator. Das Rechenwerk, veranlaßt durch die Steuereinheit, verknüpft die Werte aus Akkumulator und Hilfsspeichern zu sinnvollen Ergebnissen. Das Endergebnis steht nach Abschluß aller Operationen im Akkumulator und kann dann an die DSE oder zur Ausgabe weitergegeben werden.

1.3 Allgemeine Programmiergrundlagen

Da dieses Buch als Anregung zum eigenen Programmieren gedacht ist, sollen an dieser Stelle helfende Grundlagen und Tips vermittelt werden.
Um den Algorithmus eines anstehenden Problems zu entwickeln, empfiehlt sich die Methode der strukturierten Programmierung. Dabei wird durch eine schrittweise Untergliederung des Problems (top-down-design) und deren Einzellösungen, das Gesamtproblem gelöst. Bild 1.8 zeigt ein Problem P und dessen Untergliederung in 3 Teilprobleme. Diese unterteilen sich je nach Möglichkeit wieder in Teilprobleme, usw., bis sich die Lösung eines Problems anschaulich aus der Summe der Einzellösungen ergibt.

Liegt ein umfassender Algorithmus in Flußdiagrammform vor, kann die Umsetzung zum Programm erfolgen. Dieser Vorgang dürfte bei Kenntnis des Rechners keine großen Schwierigkeiten bereiten. Nach der Programmerstellung empfiehlt sich jedoch eine kritische Betrachtung zwecks Optimierung des Programmschrittbedarfs. Auf folgende Punkte ist dabei zu achten:

1. Wiederholt gleiche Programmschritte lassen sich zu einem Unterprogramm zusammenfassen. Dies ist jedoch nur bei der Ersparnis von mehreren Programmschritten sinnvoll, da das Programm an Übersichtlichkeit verliert.
2. Wiederholt ähnliche Programmschritte mit wechselnden Daten lassen sich durch indirekte Programmierung im Programmschrittumfang vereinfachen. Diese komplexe Programmiermethode erfordert allerdings ein gewisses Maß an Verständnis und Übersicht.

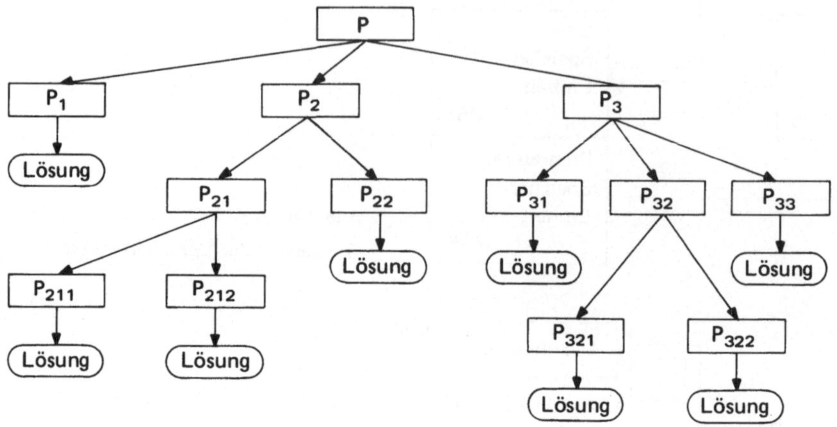

Bild 1.8 Aufteilung eines Problems in Teilprobleme

Man kann auch schon beim Aufstellen des Flußdiagramms auf gewisse Rechnereigenheiten Rücksicht nehmen. Weiterhin sollten bestehende Programmrestriktionen und daraus resultierende Fehler notiert werden, um bei einer späteren Benutzung unnötige Fehler zu vermeiden. Dies gehört aber schon eigentlich ins nächste Kapitel.

1.4 Dokumentation

Um eine sinnvolle Programmpflege betreiben zu können, d.h. ständig neu gewonnene Erkenntnisse in alten Programmen zu verwerten, bedarf es einer gründlichen Programmdokumentation. Es empfiehlt sich also die Benutzung von Formblättern. Zu einer umfangreichen Programmdokumentation gehören, in der Reihenfolge ihres Entstehens:

1. Berechnungsgrundlagen
2. Flußdiagramm
3. Speicherplatzbelegung
4. Programmplatzbelegung
5. Programmbeschreibung (Eingaben, Ausgaben, etc.)
6. Testbeispiel
7. Angabe der Restriktionen und möglicher Fehler

In einer solchen Programmbibliothek lassen sich dann auch bei späteren Problemen Teillösungen finden. Schreiben Sie dazu Ihre Programme abschnittweise, wie ich es in diesem Buch ebenfalls getan habe, auf und sparen Sie nicht mit Kommentaren.

2 Statik starrer Körper

Eine Kraft kann nicht unmittelbar, sondern nur anhand ihrer Wirkung beobachtet werden. Ihr Wirken zeigt sich in der Verformung eines Körpers oder der Änderung seines Bewegungszustandes. Aufgrund der fundamentalen Bedeutung der Kraft für die Mechanik, sollen im ersten Teil dieses Kapitels ein paar grundlegende Anschauungen und Programme behandelt werden.

2.1 Kraft, Moment und Gleichgewicht

Die Kraft hat, für ihre mathematische Behandlung am starren Körper, den Charakter eines linienflüchtigen Vektors. Sie unterliegt damit den Gesetzen der Vektoralgebra und ist durch Größe, Wirkrichtung und Angriffspunkt eindeutig bestimmt.

2.1.1 Reduktion einer räumlichen Kräftegruppe

Dieser allgemeinste Fall einer Kräftereduktion beinhaltet alle möglichen Besonderheiten, wie später noch nachfolgend dargestellt wird.
Wir betrachten die Anordnung von n Kräften F_j; j = 1 ... n; bezüglich eines beliebig rechtwinkligen Koordinatensystems (e_1, e_2, e_3), nach Bild 2.1, mit ihren Angriffspunkten a_j an einem imaginären starren Körper. Die Reduktion dieser Kräfte bezüglich des frei gewählten Ursprungs u ergibt die aus den Vektoren

$$F_r = \sum_{j=1}^{n} F_j \qquad (2.1.1)$$

und

$$M_u = \sum_{j=1}^{n} M_{uj} = \sum_{j=1}^{n} a_j \times F_j \qquad (2.1.2)$$

resultierende Kraft und Moment.

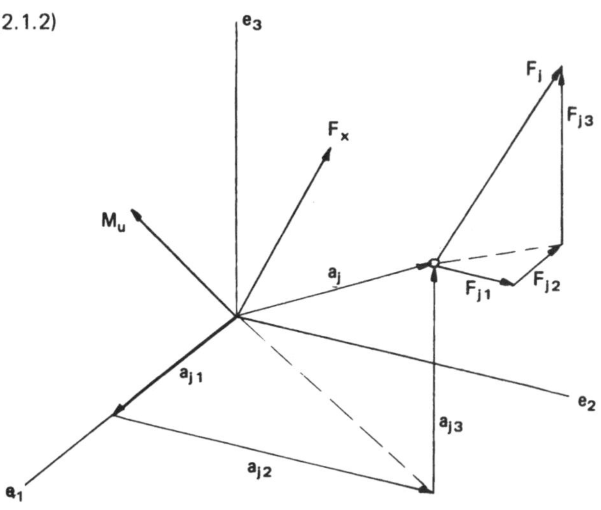

Bild 2.1
Kräfte im Raum

Die für ein Programm wichtige Komponentendarstellung ergibt sich unter Einführung eines freien Zählers i und zweier davon abhängiger Zähler p (i) und q (i) mit der Zuordnung

i	p	q
1	2	3
2	3	1
3	1	2

aus den Gleichungen

$$F_{ri} = \sum_{j=1}^{n} F_{ji}, \qquad i = 1, 2, 3 \tag{2.1.3}$$

und

$$M_{ui} = \sum_{j=1}^{n} M_{uji} = \sum_{j=1}^{n} (a_{jp} F_{jq} - a_{jq} F_{jp}), \qquad i = 1, 2, 3 \tag{2.1.4}$$

Diese Schreibweise ist gezielt auf eine indirekte Programmierung abgestimmt. Auf eine Anwendung des Matrix-Programms des Standard Software Moduls habe ich hier verzichtet, um das Prinzip der indirekten Programmierung anschaulich zu demonstrieren. Das Matrix-Programm findet unter 2.1.2 Verwendung.

Der funktionale Zusammenhang der Zähler i, p, q kann in einer Ringanordnung von 3 Speichern und dem darin Herumschieben der Werte 1, 2, 3, wie in Bild 2.2 dargestellt, erreicht werden.

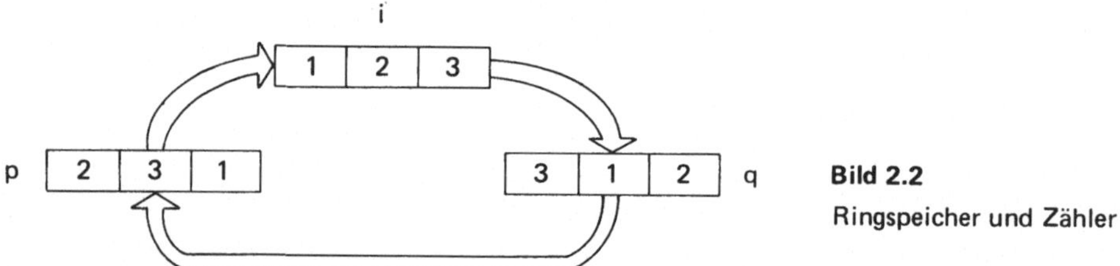

Bild 2.2
Ringspeicher und Zähler

Die betragsmäßigen Größen von resultierender Kraft und resultierendem Moment ergeben sich aus den berechneten Komponenten nach dem pythagoräischen Ansatz

$$|F_r| = \sqrt{\sum_{i=1}^{3} F_{ri}^2} \tag{2.1.5}$$

und

$$|M_u| = \sqrt{\sum_{i=1}^{3} M_{ui}^2} \tag{2.1.6}$$

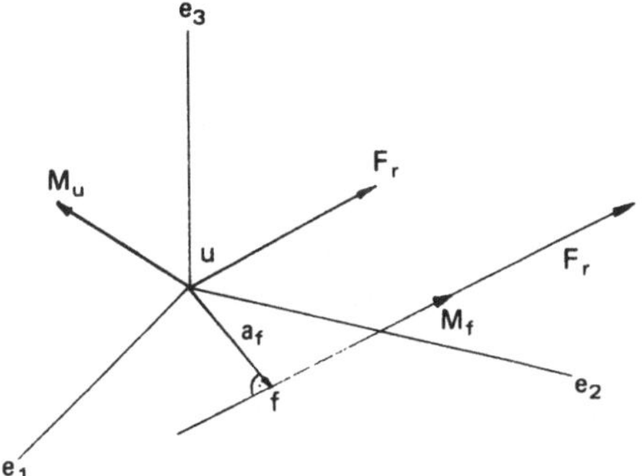

Bild 2.3
Darstellung der Dyname

Wird die resultierende Kraft F_r senkrecht aus der Ebene, die F_r und M_u aufspannen, so um den Vektor a_f verschoben, daß resultierende Kraft und Moment die gleiche Richtung haben, so bezeichnet man dieses Vektorpaar (F_r, M_f) als Dyname (Kraftschraube). Der Ortsvektor a_f des Fußpunktes f bezüglich des Ursprunges u (Bild 2.3) ergibt sich in seiner Komponentendarstellung aus

$$a_{fi} = \frac{1}{|F_r|^2} (F_{rp} M_{uq} - F_{rq} M_{up}), \qquad i = 1, 2, 3 \tag{2.1.7}$$

Mit Hilfe des Parameters p

$$p = \frac{F_r M_u}{|F_r|^2} = \frac{1}{|F_r|^2} \sum_{i=1}^{3} F_{ri} M_{ui} \tag{2.1.8}$$

läßt sich der auf den Fußpunkt f (Bild 2.3) bezogene Momentenvektor M_f berechnen

$$M_f = p F_r = p \sum_{i=1}^{3} F_{ri} \tag{2.1.9}$$

Außer der Möglichkeit der Komponentenangabe, gibt es zur Richtungsangabe eines Vektors zum Ursprung und den Koordinaten, die Angabe der Richtungswinkel. Unter Betrachtung von Bild 2.4 ergeben sie sich aus den Gleichungen

$$\alpha_i = \arccos \frac{a_i}{|a|}, \qquad i = 1, 2, 3 \tag{2.1.10}$$

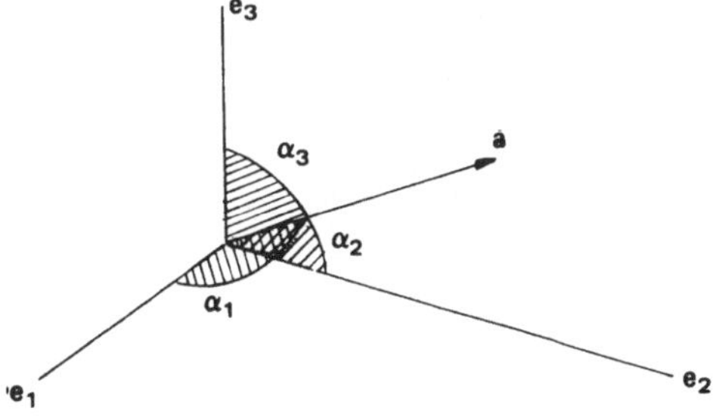

Bild 2.4
Richtungswinkel eines Vektors

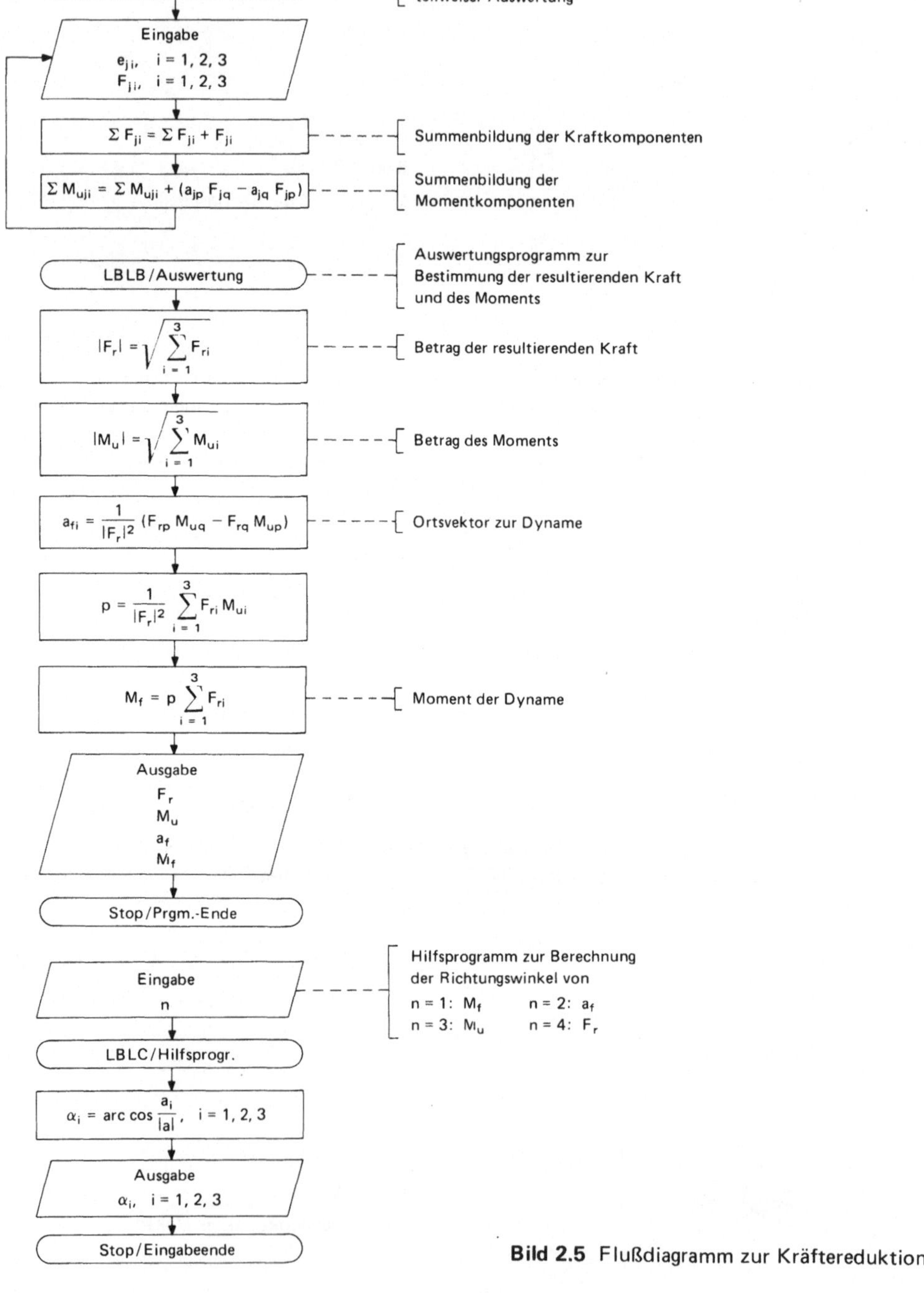

Bild 2.5 Flußdiagramm zur Kräftereduktion

Die Programmanalyse ist damit abgeschlossen und wir kommen zur Darstellung des Algorithmus in Flußdiagrammform. Er ergibt sich zwangsläufig aus der Abfolge der aufgestellten Gleichungen. Bild 2.5 ist eine mögliche Form.

Zu Anschauungszwecken ist dieses erste Flußdiagramm etwas aufwendiger kommentiert als die nachfolgenden Diagramme. Das auf den TI 58/59 zugeschnittene Programm lautet, bei einer Speicherplatzbelegung nach Tabelle 2.1, wie unter Tabelle 2.2 wiedergegeben. Eine Kommentierung der Ein- und Ausgabedaten durch das Programm, habe ich aus Übersichtlichkeit unterlassen. Tabelle 2.2 gibt also das ‚nackte' Programm wieder. Dies gilt gleichfalls für alle nachfolgenden Programme.

Tabelle 2.1 Speicherplatzbelegung zum Programm Kräftereduktion

Nr.	Inhalt				Nr.	Inhalt	
00	Zähler und Ind. Adr.				10	$\Sigma F_{j3} = F_{r3}$	F_r
01	F_{j3}	F_j	$pF_{r3} = M_{f3}$	M_f	11	$\Sigma F_{j2} = F_{r2}$	
02	F_{j2}		$pF_{r2} = M_{f2}$		12	$\Sigma F_{j1} = F_{r1}$	
03	F_{j1}		$pF_{r1} = M_{f1}$		13	$\lvert M_f \rvert$	
04	e_{j3}	e_j	a_{f3}	a_f	14	$\lvert a_f \rvert$	
05	e_{j2}		a_{f2}		15	$\lvert M_u \rvert$	
06	e_{j1}		a_{f1}		16	$\lvert F_r \rvert$	
07	$\Sigma M_{uj3} = M_{u3}$	M_u			17	p	
08	$\Sigma M_{uj2} = M_{u2}$				18	Zähler + Ind. Adr.	
09	$\Sigma M_{uj1} = M_{u1}$				19		
					20		

Nr.		Nr.	
21	1. Ringzähler	24	2. Ringzähler
22		25	
23		26	

	1. Ringzähler			2. Ringzähler		
1. Fall	1	3	2	4	6	5
	2	1	3	5	4	6
	3	2	1	6	5	4
2. Fall	7	9	8	10	12	11
	8	7	9	11	10	12
	9	8	7	12	11	10

Eine ebene Kräftegruppe läßt sich mit diesem Programm ebenfalls behandeln. Dabei wird lediglich die 3. Komponente der Vektoren Null.

Haben alle Kräfte einen gemeinsamen Angriffspunkt, so ist es sinnvoll, den Koordinatenursprung in diesen zu legen. Die Koordinaten des Angriffspunktes werden dann mit Null eingegeben. Ein Moment tritt für dieses System nicht auf, erscheint also mit Null als Ausgabewert. Sind resultierende Kraft und Moment Null, gilt also

$$F_{ri} = 0 \quad \text{und} \quad M_{ui} = 0, \quad \text{für alle} \quad i = 1, 2, 3 \qquad (2.1.11)$$

so befindet sich der, diesen äußeren Kräften ausgesetzte, starre Körper im Gleichgewicht.

Tabelle 2.2 Programm Kräftereduktion zum TI 58/59

Eingabeprogramm:

Start

```
000  76 LBL
001  11  A
002  47 CMS
003  06  6
004  18 C'
```

Eingabe

```
005  76 LBL
006  85  +
007  06  6
008  42 STO
009  00  00
010  76 LBL
011  75  -
012  91 R/S
013  99 PRT
014  72 ST*
015  00  00
016  97 DSZ
017  00  00
018  75  -
019  98 ADV
```

Berechnungsvorbereitung

```
020  09  9
021  16 A'
```

Berechnung zur resultierenden Kraft

```
022  76 LBL
023  65  ×
024  73 RC*
025  00  00
026  74 SM*
027  19  19
```

Berechnung zum Moment

```
028  19 D'
029  74 SM*
030  18  18
```

Ringshiften

```
031  10 E'
```

Zählerverminderung + Rücksprung

```
032  17 B'
033  97 DSZ
034  00  00
035  65  ×
036  61 GTO
037  85  +
```

Auswertungsprogramm:

Start

```
038  76 LBL
039  12  B
040  98 ADV
041  98 ADV
042  01  1
043  02  2
044  18 C'
```

Bestimmung des Ortsvektors/1. Teil

```
045  06  6
046  16 A'
047  76 LBL
048  55  ÷
049  19 D'
050  72 ST*
051  18  18
052  10 E'
053  17 B'
054  97 DSZ
055  00  00
056  55  ÷
```

Bestimmung der Vektorbeträge/1. Teil

```
057  06  6
058  16 A'
059  76 LBL
060  89  π
061  73 RC*
062  20  20
063  33 X²
064  44 SUM
065  16  16
066  73 RC*
067  19  19
068  33 X²
069  44 SUM
070  15  15
071  73 RC*
072  18  18
073  33 X²
074  44 SUM
075  14  14
076  17 B'
077  97 DSZ
078  00  00
079  89  π
```

Bestimmung des Ortsvektors/2. Teil

```
080  43 RCL
081  16  16
082  35 1/X
083  49 PRD
084  04  04
085  49 PRD
086  05  05
087  49 PRD
088  06  06
089  42 STO
090  17  17
091  33 X²
092  49 PRD
093  14  14
```

Bestimmung des Parameters

```
094  09  9
095  16 A'
096  76 LBL
097  52 EE
098  73 RC*
099  18  18
100  65  ×
101  73 RC*
102  19  19
103  85  +
104  17 B'
105  97 DSZ
106  00  00
107  52 EE
108  00  0
109  95  =
110  49 PRD
111  17  17
```

Bestimmung des Momentes M

```
112  01  1
113  02  2
114  16 A'
115  76 LBL
116  44 SUM
117  73 RC*
118  18  18
119  65  ×
120  43 RCL
121  17  17
122  95  =
123  72 ST*
124  00  00
125  33 X²
126  44 SUM
127  13  13
128  17 B'
129  97 DSZ
130  00  00
131  44 SUM
```

Bestimmung der Vektorbeträge/2. Teil

```
132  01  1
133  06  6
134  16 A'
135  01  1
136  44 SUM
137  00  00
138  76 LBL
139  42 STO
140  73 RC*
141  18  18
142  34 √X
143  72 ST*
144  18  18
145  17 B'
146  97 DSZ
147  00  00
148  42 STO
```

Ausgabe + Ende

```
149  00  0
150  22 INV
151  90 LST
152  91 R/S
```

Unterprogramme:

Setzen der Zähler

```
153  76 LBL
154  16 A'
155  42 STO
156  18  18
157  85  +
158  03  3
159  85  +
160  42 STO
161  19  19
162  03  3
163  95  =
164  42 STO
165  20  20
166  03  3
167  42 STO
168  00  00
169  92 RTN
```

Verminderung der Zähler um 1

```
170  76 LBL
171  17 B'
172  01  1
173  94 +/-
174  44 SUM
175  18  18
176  44 SUM
177  19  19
178  44 SUM
179  20  20
180  92 RTN
```

Setzen der Ringzähler

```
181  76 LBL
182  18 C'
183  42 STO
184  18  18
185  06  6
186  42 STO
187  00  00
188  02  2
189  06  6
190  42 STO
191  19  19
192  76 LBL
193  38 SIN
194  43 RCL
195  18  18
196  72 ST*
197  19  19
198  17 B'
199  97 DSZ
200  00  00
201  38 SIN
202  92 RTN
```

Berechnung mit Ringzähler

```
203  76 LBL
204  19 D'
205  73 RC*
206  25  25
207  65  ×
208  73 RC*
209  21  21
210  75  -
211  73 RC*
212  24  24
213  65  ×
214  73 RC*
215  22  22
216  95  =
217  92 RTN
```

Ringzählervertauschung

```
218  76 LBL
219  10 E'
220  43 RCL
221  26  26
222  48 EXC
223  24  24
224  48 EXC
225  25  25
226  42 STO
227  26  26
228  43 RCL
229  23  23
230  48 EXC
231  21  21
232  48 EXC
233  22  22
234  42 STO
235  23  23
236  92 RTN
```

Hilfsprogramm:

Start

```
237  76 LBL
238  13  C
239  99 PRT
240  98 ADV
241  65  ×
242  03  3
243  42 STO
244  00  00
245  95  =
246  42 STO
247  18  18
248  02  2
249  09  9
250  42 STO
251  19  19
252  00  0
253  42 STO
254  20  20
255  76 LBL
256  34 ΓX
257  73 RC*
258  18  18
259  72 ST*
260  19  19
261  33 X²
262  44 SUM
263  20  20
```

Zählerverminderung um 1 + Rücksprung

```
264  01  1
265  94 +/-
266  44 SUM
267  18  18
268  44 SUM
269  19  19
270  97 DSZ
271  00  00
272  34 ΓX
```

Berechnungsvorbereitung

```
273  03  3
274  42 STO
275  00  00
276  02  2
277  09  9
278  42 STO
279  18  18
280  43 RCL
281  20  20
282  34 ΓX
283  42 STO
284  20  20
```

Berechnung + Ausgabe

```
285  76 LBL
286  45 YX
287  73 RC*
288  18  18
289  55  ÷
290  43 RCL
291  20  20
292  95  =
293  22 INV
294  39 COS
295  99 PRT
```

Zählerverminderung um 1 + Rücksprung

```
296  01  1
297  94 +/-
298  44 SUM
299  18  18
300  97 DSZ
301  00  00
302  45 YX
303  91 R/S
```

2.1.2 Zerlegung einer Kraft

Der Vorgang der Kräftereduktion ist ein umkehrbarer Prozeß. Aus diesem Grunde läßt sich eine Kraft wieder in Komponenten zerlegen. Eine Zerlegung ist eindeutig möglich, wenn 3 unabhängige Richtungen für die Komponenten gegeben sind. Es soll somit die Kraft F in die Komponenten F_j, $j = 1, 2, 3$, zerlegt werden. Diese Komponenten bilden bezüglich des Koordinatensystems die Summen

$$F_j = \sum_{i=1}^{3} F_{ji}. \qquad (2.1.12)$$

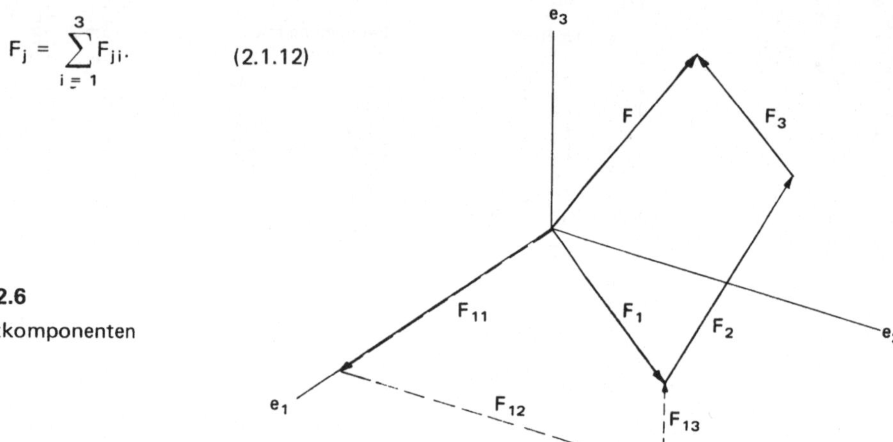

Bild 2.6
Kraftkomponenten

Unter Benutzung der Richtungswinkel (Bild 2.4) α_{ji} ergibt

$$\sum_{j=1}^{3} F_j \cos\alpha_{ji} = F_i, \qquad i = 1, 2, 3, \qquad (2.1.13)$$

alle Komponenten längs der Koordinatenachsen. In abgekürzter Schreibweise für

$$\cos\alpha_{ji} = a_{ji} \qquad (2.1.14)$$

wird damit

$$\sum_{j=1}^{3} F_j a_{ji} = F_i, \qquad i = 1, 2, 3. \qquad (2.1.15)$$

Wie oben angedeutet, ist dieses Gleichungssystem unter bestimmten Bedingungen eindeutig lösbar, denn wir erhalten 3 Gleichungen mit 3 Unbekannten.
Zur Lösung dieses linearen Gleichungssystems

$$A F = F' \qquad (2.1.16)$$

bietet sich das Solid-State-Softwareprogramm ML-02 an. Dabei entsteht eine Schwierigkeit, denn durch die Verwendung als Unterprogramm ist die Eingabe über R/S nicht möglich, da das Unterprogramm durch INV SBR ins Hauptprogramm zurückspringt. Listet man sich diese Programmteile aus, so ergibt sich für unser Problem folgende, durch ML-02 vorbestimmte und in Tabelle 2.3 wiedergegebene, Speicherplatzbelegung. Unter Festlegung des Berechnungsalgorithmus in Flußdiagrammform (Bild 2.7), ergibt sich das entsprechende Programm in Tabelle 2.4.

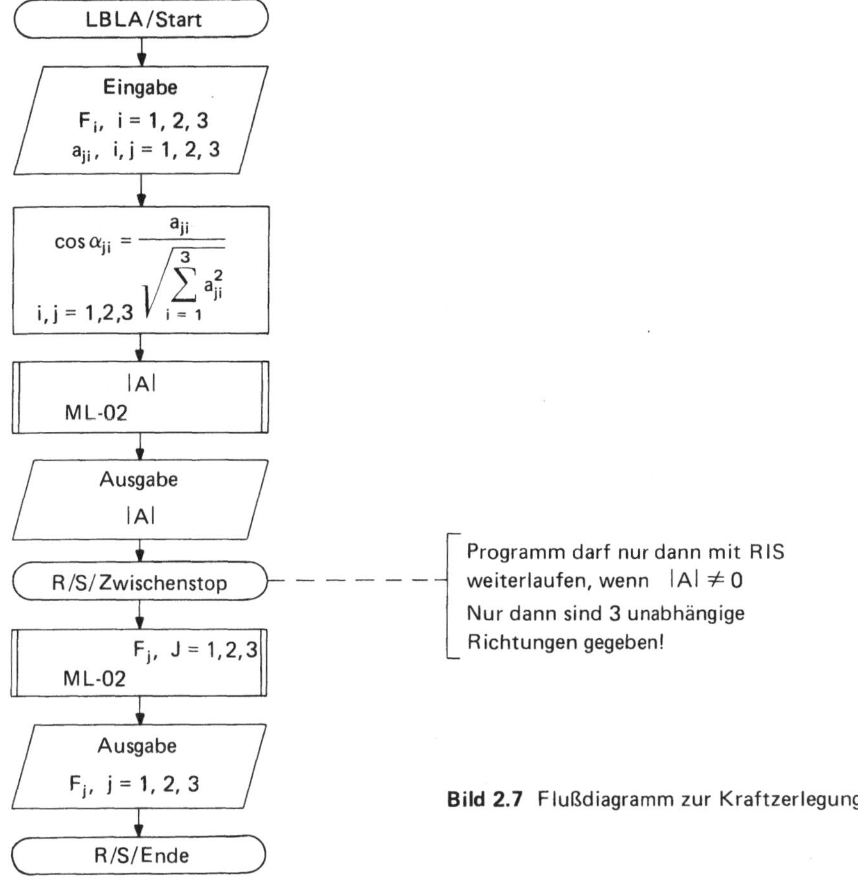

Bild 2.7 Flußdiagramm zur Kraftzerlegung

Tabelle 2.3 Speicherplatzbelegung

vorbestimmt:

08	a_{11}		11	a_{21}		14	a_{31}		21	F_1	
09	a_{12}	a_{1i}	12	a_{22}	a_{2i}	15	a_{32}	a_{3i}	20	F_2	F_i
10	a_{13}		13	a_{23}		16	a_{33}		22	F_3	

frei gewählt:

00		05	F_1	
01	Zähler	06	F_2	F_i
02		07	F_3	

Tabelle 2.4 Programm Kraftzerlegung zum TI 58/59

Start/Einlesen

```
000  72  ST*
001  00   00
002  92  RTN
003  32  X:T
004  01   1
005  44  SUM
006  00   00
007  32  X:T
008  99  PRT
009  81  RST
010  76  LBL
011  11   A
012  47  CMS
013  04   4
014  81  RST
```

Berechnung Richtungskosinusse

```
015  76  LBL
016  12   B
017  98  ADV
018  03   3
019  42  STO
020  00   00
021  01   1
022  06   6
023  42  STO
024  02   02
025  76  LBL
026  85   +
027  03   3
028  42  STO
029  01   01
030  76  LBL
031  75   -
032  73  RC*
033  02   02
034  33  X²
035  85   +
036  32  X:T
037  22  INV
038  44  SUM
039  02   02
040  32  X:T
041  97  DSZ
042  01   01
043  75   -
044  00   0
045  95   =
046  34  √X
047  32  X:T
048  03   3
049  44  SUM
050  02   02
051  42  STO
052  01   01
053  01   1
054  32  X:T
055  76  LBL
056  65   ×
057  22  INV
058  64  PD*
059  02   02
060  32  X:T
061  22  INV
062  44  SUM
063  02   02
064  32  X:T
065  97  DSZ
066  01   01
067  65   ×
068  97  DSZ
069  00   00
070  85   +
```

Umspeicherung

```
071  43  RCL
072  05   05
073  42  STO
074  21   21
075  43  RCL
076  06   06
077  42  STO
078  20   20
079  43  RCL
080  07   07
081  42  STO
082  22   22
```

Determinantenberechnung und Ausgabe

```
083  03   3
084  42  STO
085  07   07
086  36  PGM
087  02   02
088  13   C
089  91  R/S
```

Lösungsberechnung (nur möglich wenn Determinante ≠ 0)

```
090  25  CLR
091  36  PGM
092  02   02
093  15   E
```

Ausgabe der Lösung

```
094  43  RCL
095  20   20
096  99  PRT
097  43  RCL
098  21   21
099  99  PRT
100  43  RCL
101  22   22
102  99  PRT
103  91  R/S
```

Das Programm kann nach Ausgabe der Determinante nur dann mit R/S weiterlaufen, wenn diese ungleich Null ist.

2.1.3 Stützkräfte in Tragwerken

Wir kommen zur Anwendung der Gleichgewichtsbedingung. Das Ziel der statischen Auslegung von Tragwerken ist es, daß diese bei Einwirkung äußerer Kräfte ihre vorgesehene Ruhelage beibehalten. Die Belastungs- und Stützkräfte müssen sich also im Gleichgewicht befinden. Die Untersuchung darüber kann natürlich mit dem zuvor bestimmten Programm geschehen.
Da aber ein Großteil von Berechnungen sich auf ebene Fachwerke beschränkt, soll nachfolgend ein Programm zur Berechnung ebener Fachwerke nach dem Knotenpunktverfahren entwickelt werden. In diesem Programm kann dann auf spezielle Belange des Berechnungsverfahrens eingegangen werden.

Unter einem ebenen Fachwerk versteht man idealisiert ein Gebilde aus geraden Stäben, die in ihren Endpunkten (Knoten) durch reibungsfreie Gelenke miteinander verbunden sind. Die äußeren Belastungskräfte greifen dabei nur in den Knoten an. Durch diese Idealisierung können in den Stäben nur Zug- oder Druckkräfte übertragen werden. Insbesondere gilt damit für jeden Knoten des Fachwerks die Gleichgewichtsbedingung. Betrachten wir einen Knoten bezüglich eines Koordinaten-

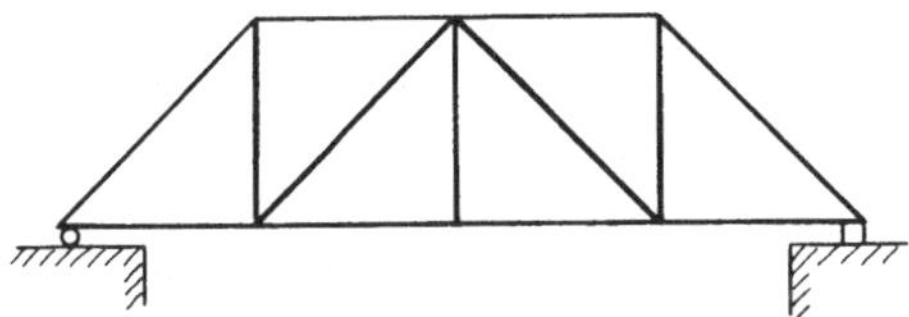

Bild 2.8
Ebenes Fachwerk

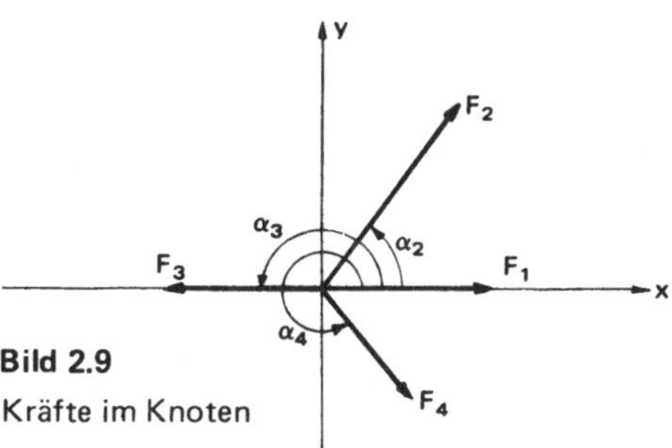

Bild 2.9
Kräfte im Knoten

systems zur Festlegung der Kraftangriffsrichtung, denn die Kräfte können nur längs der Stabrichtung wirken, so muß die Gleichgewichtsbedingung

$$\sum_{i=1}^{n} F_i = 0 \qquad (2.1.17)$$

erfüllt sein. In Komponentenschreibweise heißt dies

$$\sum_{i=1}^{n} F_i \cos\alpha_i = 0 \quad \text{und} \quad \sum_{i=1}^{n} F_i \sin\alpha_i = 0. \qquad (2.1.18)$$

Damit liegt ein lineares Gleichungssystem von zwei Gleichungen vor. Folglich lassen sich damit zwei unbekannte Stabkräfte bestimmen.
Seien also F_i, $i = 1, 2$ die unbekannten und F_j, $j = 1, \ldots, n$ bekannte Stabkräfte, so ergibt sich

$$\begin{aligned} F_1 \cos\alpha_1 + F_2 \cos\alpha_2 &= -\sum_{1}^{n} F_j \cos\alpha_j \\ F_1 \sin\alpha_1 + F_2 \sin\alpha_2 &= -\sum_{j=1}^{n} F_j \sin\alpha_j . \end{aligned} \qquad (2.1.19)$$

In Matrixschreibweise

$$A\,F = F' \qquad (2.1.20)$$

mit $F = (F_1, F_2)^T$ und $F' = \left(-\sum_{j=1}^{n} F_j \cos\alpha_j, -\sum_{j=1}^{n} F_j \sin\alpha_j\right)^T$, sowie der Matrix

$$A = \begin{pmatrix} \cos\alpha_1 & \cos\alpha_2 \\ \sin\alpha_1 & \sin\alpha_2 \end{pmatrix}.$$

Die Lösung läßt sich wiederum sehr gut mit dem Solid-State-Softwareprogramm ML-02 bestimmen. Bild 2.10 zeigt das Flußdiagramm und nach Tabelle 2.5, der Speicherplatzbelegung, folgt in Tabelle 2.6 das Programm.
Die Eingabe der Wirkrichtung der unbekannten Kräfte sowie die Eingabe der bekannten Kräfte und ihrer Wirkrichtungen muß nicht nach einem bestimmten Umfahrsinn, ähnlich dem zeichnerischen Cremonaplan-Verfahren, erfolgen. Die Reihenfolge der Eingabe der Wirkrichtungen stimmt mit der Reihenfolge der Ausgabe berechneter Stabkräfte überein. Die richtige Behandlung wird im Anwendungsbeispiel gezeigt.

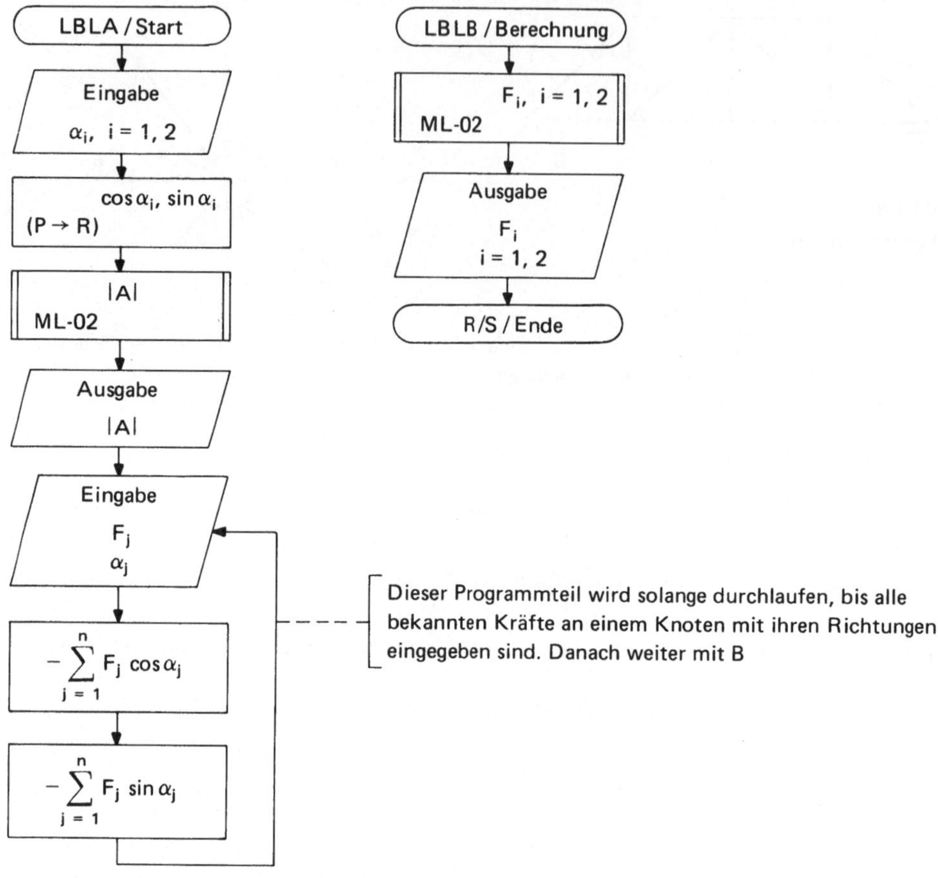

Bild 2.10 Flußdiagramm zu Stützkräfte in Tragwerken

Tabelle 2.5 Speicherplatzbelegung

00 Zähler	08 $\cos\alpha_1$	14 – $F_j \sin\alpha_j$ | F_1
01 F_j	09 $\sin\alpha_1$	
07 2	10 $\cos\alpha_2$	15 – $F_j \cos\alpha_j$ | F_2
	11 $\sin\alpha_2$	

Tabelle 2.6 Programm Stützkräfte in Tragwerken

Start

```
000  76 LBL
001  11  A
002  47 CMS
003  02   2
004  42 STO
005  07  07
```

Winkeleingabe und Koeffizientenberechnung

```
006  01   1
007  32 X:T
008  00   0
009  91 R/S
010  99 PRT
011  37 P/R
012  42 STO
013  09  09
014  32 X:T
015  42 STO
016  08  08
017  01   1
018  32 X:T
019  91 R/S
020  99 PRT
021  37 P/R
022  42 STO
023  11  11
024  32 X:T
025  42 STO
026  10  10
```

Berechnung der Determinanten

```
027  36 PGM
028  02  02
029  13   C
030  01   1
031  94 +/-
032  49 PRD
033  12  12
034  49 PRD
035  13  13
036  01   1
037  06   6
038  44 SUM
039  12  12
040  44 SUM
041  13  13
```

Eingabe bekannter Kräfte + Winkel

```
042  76 LBL
043  16  A'
044  91 R/S
045  99 PRT
046  42 STO
047  01  01
048  01   1
049  32 X:T
050  91 R/S
051  99 PRT
052  37 P/R
053  65   ×
054  43 RCL
055  01  01
056  95   =
057  22 INV
058  74 SM*
059  12  12
060  32 X:T
061  65   ×
062  43 RCL
063  01  01
064  95   =
065  22 INV
066  74 SM*
067  13  13
068  16  A'
```

Lösungsbestimmung

```
069  76 LBL
070  12   B
071  25 CLR
072  36 PGM
073  02  02
074  15   E
```

Ausgabe

```
075  43 RCL
076  14  14
077  99 PRT
078  43 RCL
079  15  15
080  99 PRT
081  91 R/S
```

2.1.4 Biegeträger

Die idealisierte Vorstellung, daß äußere Kräfte nur in den Knotenpunkten eines Fachwerkes angreifen, trifft in der Realität nicht zu. Durch auftretende Flächen- und Punktlasten außerhalb der Auflager werden Stäbe auch auf Biegung beansprucht. Natürlich gibt es auch einfache Biegeträger.

Das nachfolgende Programm soll die Möglichkeit bieten, neben einem Rumpfprogramm z.B. die Gleichung der elastischen Linie eines beliebigen Belastungsfalls einlesen zu können.
Dies setzt die Aufteilung

Magnetkartenseite 1: Spezialprogramme
Magnetkartenseite 2: Rumpfprogramme

voraus. Gehen wir von der Annahme aus, daß die Spezialgleichungen als Hauptprogramme abgefaßt werden, so wird das Rumpfprogramm als Unterprogramm ausgebildet. Eine möglche Zuordnung wäre:

LBL E: Eingabe
LBL A: Gleichung der Balkendurchbiegung
LBL B: Gleichung der Balkenneigung
LBL C: Gleichung des Querkraftverlaufs
LBL D: Gleichung des Momentenverlaufs
usw.

Betrachten wir als konkretes Beispiel einen nach Bild 2.11 einseitig eingespannten Träger, durch Punkt- und Streckenlast belastet. Das Moment an einer beliebigen Stelle x ergibt sich nach Bild 2.11 aus dem Ansatz

$$M(x) = F(l-x) + q(l-x)\frac{l-x}{2}. \tag{2.1.21}$$

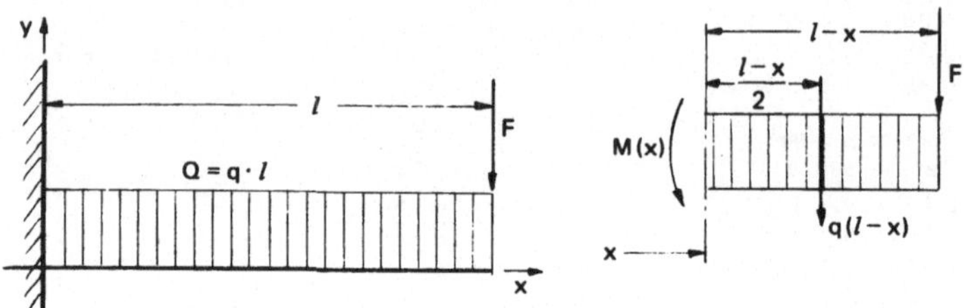

Bild 2.11 Einseitig eingespannter Träger mit Punkt- und Streckenlast

Durch Einsetzen in die allgemeine Gleichung der elastischen Linie

$$y'' = -\frac{M(x)}{EI} \tag{2.1.22}$$

ergibt sich

$$y'' = -\frac{1}{EI}\left(F(l-x) + \frac{q}{2}(l-x)^2\right). \tag{2.1.23}$$

Eine Integration führt auf die Gleichung der Balkenneigung

$$y' = -\frac{1}{EI}\left(Flx - \frac{F}{2}x^2 + \frac{q}{2}l^2x - \frac{q}{2}lx^2 + \frac{q}{6}x^3 + c_1\right). \tag{2.1.24}$$

Mit der Randbedingung $y'(x=0) = 0$ folgt $c_1 = 0$.

Eine nochmalige Integration führt auf die Gleichung der Durchbiegung

$$y = -\frac{1}{EI}\left(\frac{F}{2}lx^2 - \frac{F}{6}x^3 + \frac{q}{4}l^2x^2 - \frac{q}{6}lx^3 + \frac{q}{24}x^4 + c_2\right). \tag{2.1.25}$$

Mit der Randbedingung $y(x=0) = 0$ folgt $c_2 = 0$.

Damit erhalten wir die 3 Spezialgleichungen:

$$y = -\frac{l^3}{24\,EI}\left(4F\left(3\left(\frac{x}{l}\right)^2 - \left(\frac{x}{l}\right)^3\right) + Q\left(6\left(\frac{x}{l}\right)^2 - 4\left(\frac{x}{l}\right)^3 + \left(\frac{x}{l}\right)^4\right)\right), \tag{2.1.26}$$

$$y' = -\frac{l^2}{6\,EI}\left(3F\left(2\left(\frac{x}{l}\right) - \left(\frac{x}{l}\right)^2\right) + Q\left(3\left(\frac{x}{l}\right) - 3\left(\frac{x}{l}\right)^2 + \left(\frac{x}{l}\right)^3\right)\right) \tag{2.1.27}$$

und

$$M(x) = \frac{l}{2}\left(1 - \frac{x}{l}\right)\left(2F + Q\left(1 - \frac{x}{l}\right)\right), \tag{2.1.28}$$

in denen die Laufvariable x nur im Quotienten x/l auftritt. Bezeichnen wir diese Gleichungen allgemein mit f (x), so zeigt Bild 2.12 das Flußdiagramm zur Berechnung von f(x) über den ganzen Träger mit der Schrittweite Δx. Tabelle 2.7 zeigt die Speicherplatzbelegung mit Einteilung fester und freier Belegung. Die feste Belegung ist für ein einwandfreies Funktionieren des Rumpfprogramms notwendig. Auf die freie Belegung greifen nur die Spezialprogramme zurück. Das entsprechende Programm zu diesem allgemeinen Anwendungsfall zeigt Tabelle 2.8.

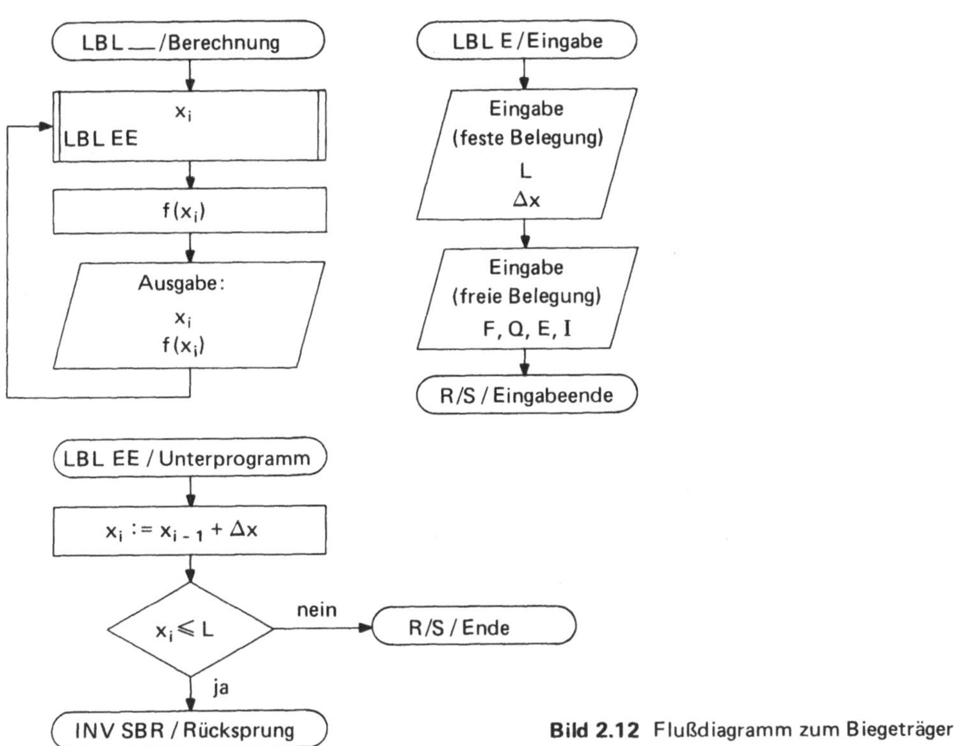

Bild 2.12 Flußdiagramm zum Biegeträger

Tabelle 2.7 Speicherplatzbelegung

feste Belegung:	freie Belegung:
00 Zähler	05 F
01 x/l	06 Q
02 x	07 E
03 I	08 I
04 Δx (Schrittweite)	

Tabelle 2.8 Programm Biegeträger zum TI 58/59

Eingabeprogramm

```
000  72  ST*
001  00   00
002  92  RTN
003  32  X:T
004  01   1
005  44  SUM
006  00   00
007  32  X:T
008  99  PRT
009  81  RST
010  76  LBL
011  15   E
012  47  CMS
013  02   2
014  81  RST
```

Balkendurchbiegung

```
015  76  LBL
016  11   A
017  98  ADV
018  71  SBR
019  52  EE
020  32  X:T
021  99  PRT
022  55   ÷
023  32  X:T
024  95   =
025  42  STO
026  01   01
027  04   4
028  65   ×
029  43  RCL
030  05   05
031  65   ×
032  53   (
033  03   3
034  65   ×
035  02   2
036  10  E'
037  75   -
038  03   3
039  10  E'
040  54   )
041  85   +
042  43  RCL
043  06   06
044  65   ×
045  53   (
046  06   6
047  65   ×
048  02   2
049  10  E'
050  75   -
051  04   4
052  65   ×
053  03   3
054  10  E'
055  85   +
056  04   4
057  10  E'
058  54   )
059  95   =
060  65   ×
061  43  RCL
062  03   03
063  45  Y^X
064  03   3
065  55   ÷
066  43  RCL
067  07   07
068  55   ÷
069  43  RCL
070  08   08
071  55   ÷
072  02   2
073  04   4
074  94  +/-
075  95   =
076  99  PRT
077  61  GTO
078  11   A
```

Balkenneigung

```
079  76  LBL
080  12   B
081  98  ADV
082  71  SBR
083  52  EE
084  32  X:T
085  99  PRT
086  55   ÷
087  32  X:T
088  95   =
089  42  STO
090  01   01
091  03   3
092  65   ×
093  43  RCL
094  05   05
095  65   ×
096  53   (
097  02   2
098  65   ×
099  43  RCL
100  01   01
101  75   -
102  02   2
103  10  E'
104  54   )
105  85   +
106  43  RCL
107  06   06
108  65   ×
109  53   (
110  03   3
111  65   ×
112  43  RCL
113  01   01
114  75   -
115  03   3
116  65   ×
117  02   2
118  10  E'
119  85   +
120  03   3
121  10  E'
122  54   )
123  95   =
124  65   ×
125  43  RCL
126  03   03
127  33  X^2
128  55   ÷
129  43  RCL
130  07   07
131  55   ÷
132  43  RCL
133  08   08
134  55   ÷
135  06   6
136  94  +/-
137  95   =
138  65   ×
139  01   1
140  08   8
141  00   0
142  55   ÷
143  89   π
144  95   =
145  99  PRT
146  61  GTO
147  12   B
```

Momentenverlauf

```
148  76  LBL
149  13   C
150  98  ADV
151  71  SBR
152  52  EE
153  32  X:T
154  99  PRT
155  55   ÷
156  32  X:T
157  95   =
158  94  +/-
159  85   +
160  01   1
161  95   =
162  42  STO
163  01   01
164  65   ×
165  43  RCL
166  06   06
167  85   +
168  02   2
169  65   ×
170  43  RCL
171  05   05
172  95   =
173  65   ×
174  43  RCL
175  01   01
176  65   ×
177  43  RCL
178  03   03
179  55   ÷
180  02   2
181  95   =
182  99  PRT
183  61  GTO
184  13   C
```

Unterprogramm Rumpf

```
240  76  LBL
241  52  EE
242  43  RCL
243  02   02
244  85   +
245  43  RCL
246  04   04
247  95   =
248  42  STO
249  02   02
250  32  X:T
251  43  RCL
252  03   03
253  22  INV
254  77   GE
255  91  R/S
256  92  RTN
257  76  LBL
258  91  R/S
259  00   0
260  42  STO
261  02   02
262  98  ADV
263  98  ADV
264  98  ADV
265  91  R/S
```

Unterprogramm Potenzieren

```
266  76  LBL
267  10  E'
268  32  X:T
269  53   (
270  43  RCL
271  01   01
272  45  Y^X
273  32  X:T
274  54   )
275  92  RTN
```

2.1.5 Anwendungsbeispiele

Die jedem Abschnitt folgenden Anwendungsbeispiele sollen Ihnen die Verwendung der zuvor entwickelten Programme demonstrieren. Mit einem Beispiel lassen sich jedoch nicht alle notwendigen Informationen vermitteln. Es liegt an Ihrem Verständnis der Programme, inwieweit Sie diese einsetzen. Anwendungsbeispiele demonstrieren auf anschauliche Weise, welche Programmabläufe sinnvoll oder umständlich sind. Änderungen gehören zur allgemeinen Programmpflege. Ergänzungen und Kommentierung der Programme können, je nach Rechnertyp, hinzukommen.

– 1 –

An einem starren Körper greifen an den angegebenen Punkten folgende Kräfte an:

$a_1 = (3, 0, 0)$; $F_1 = (0, 3, 0)$

$a_2 = (0, 1, 0)$; $F_2 = (0, 0, 4)$

$a_3 = (0, 0, 2)$; $F_3 = (5, 0, 0)$.

Gesucht ist ihre Wirkung auf den Körper.

Eingabe (Aufruf mit A):

3.		0.		0.	
0.	a_1	1.	a_2	0.	a_3
0.		0.		2.	
0.		0.		5.	
3.	F_1	0.	F_2	0.	F_3
0.		4.		0.	

Die Eingabe Angriffspunkt/Kraft muß in dieser Reihenfolge geschehen. Die Reihenfolge der Indexwerte ist belanglos. Nach jeder Eingabe beginnt das Eingabeprogramm erneut. Sind alle Daten eingegeben, wird mit B das Berechnungsprogramm aufgerufen.

Ausgabe:
Nach Berechnungsende wird durch 1 INV 2nd List der Inhalt der Datenspeicher, beginnend mit 01, ausgelistet. Nach Ausgabe von 17 stoppen Sie mit R/S die Ausgabe ab. Die Zuordnung Datenwert/Datenbezeichnung ergibt sich aus Tabelle 2.1.
Die Bilder 2.13 und 2.14 geben den Sachverhalt dieses Beispiels bildlich wieder.

6.88	01	M_{f3}	
5.16	02	M_{f2}	M_f
8.6	03	M_{f1}	
0.76	04	a_{f3}	
-0.58	05	a_{f2}	a_f
-0.26	06	a_{f1}	
9.	07	M_{u3}	
10.	08	M_{u2}	M_u
4.	09	M_{u1}	
4.	10	F_{r3}	
3.	11	F_{r2}	F_r
5.	12	F_{r1}	
12.16223664	13	$\lvert M_f \rvert$	
.9907572861	14	$\lvert a_f \rvert$	
14.03566885	15	$\lvert M_u \rvert$	
7.071067812	16	$\lvert F_r \rvert$	
1.72	17	p	

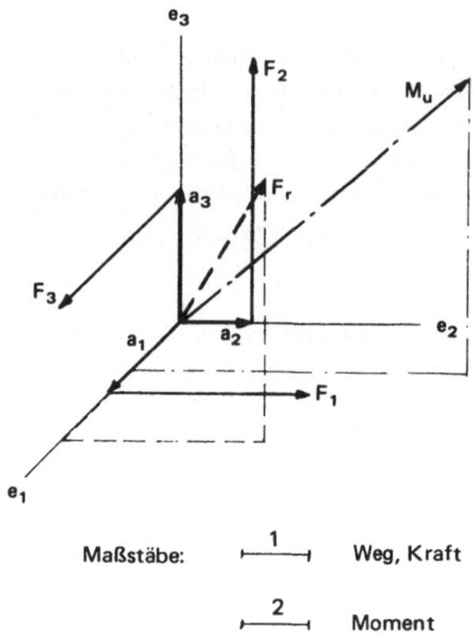

Bild 2.13
Resultierende Kraft und Moment

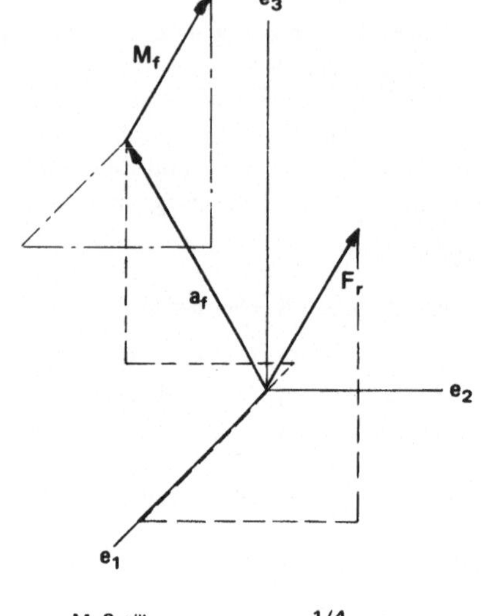

Bild 2.14 Darstellung der Dyname

Richtungswinkel (Aufruf mit C):

1. M_f		2. a_f		3. M_u		4. F_r	
45.	α_1	105.214033	α_1	73.44185676	α_1	45.	α_1
64.89590975	α_2	125.8320153	α_2	44.56372086	α_2	64.89590975	α_2
55.55009801	α_3	39.90671286	α_3	50.11689031	α_3	55.55009801	α_3

Hier haben Kraft und Moment die gleiche Richtung. Das ihre Richtungswinkel gleich sind, beweist Hilfsprogramm C. Durch Eingabe einer Kennziffer, siehe Bild 2.5 und Aufruf C wird die Berechnung der Richtungswinkel veranlaßt.

– 2 –

Eine Kraft F = (2.25, −7.5, −2.25) soll in drei Komponenten zerlegt werden. Deren Richtungen sind durch die Vektoren

$a_1 = (4, -5, -0.5)$
$a_2 = (-3.5, -5, 2.5)$
$a_3 = (0.5, -5, -5.5)$

vorgegeben.

Eingabe:

```
 2.25  }
-7.5   } F
-2.25  }
 4.    }
-5.    } a1
-0.5   }
-3.5   }
-5.    } a2
 2.5   }
 0.5   }
-5.    } a3
-5.5   }
```

Die Reihenfolge der Vektoreingabe ist mit der Reihenfolge der Komponentenausgabe identisch.

Nach Beendigung der Eingabe wird durch den Aufruf des Solid-State-Softwareprogramms ML-02 die Determinante des, für dieses Problem vorhandenen, Gleichungssystems berechnet und ausgegeben.

```
.7605156321
```

Nur wenn dieser Wert ≠ Null ist, darf das Programm mit R/S wieder gestartet werden. Es erfolgt dann die Ausgabe der Komponenten.

```
4.816962217   F1
 1.85497115   F2
 3.49210885   F3
```

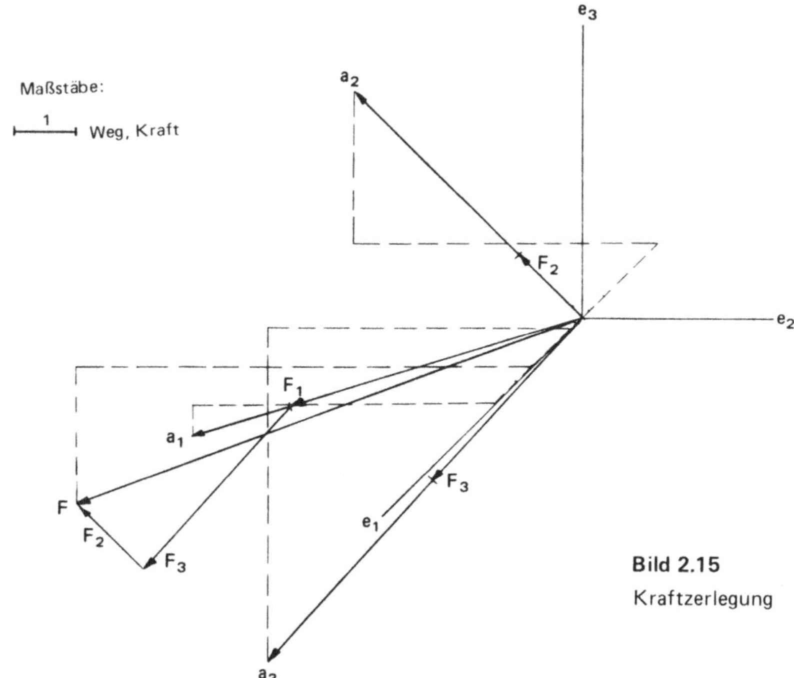

Bild 2.15

Kraftzerlegung

Hinweis:
Wird das Hilfsprogramm LBL C der Kräftereduktion nach der Berechnung eingelesen, so lassen sich mit der Zuordnung:

$$n = 7 \div 3 - F,$$
$$n = 10 \div 3 - a_1(F_1),$$
$$n = 13 \div 3 - a_2(F_2),$$
$$n = 16 \div 3 - a_3(F_3),$$

die Richtungswinkel der einzelnen Vektoren bestimmen.

– 3 –

Das in Bild 2.16 dargestellte Tragwerk wird mit der eingezeichneten Kraft belastet. Gesucht sind die Stabkräfte. Die Auflagerkräfte ergeben sich aus dem äußeren Gleichgewichtszustand zu

$$\left.\begin{aligned} A + B + F &= 0 \\ 12 \times A + 3 \times F &= 0 \end{aligned}\right\} \qquad \begin{aligned} A &= -\frac{3}{12} \times 3.6 = -0.9 \\ B &= -3.6 + 0.9 = -2.7 \end{aligned}$$

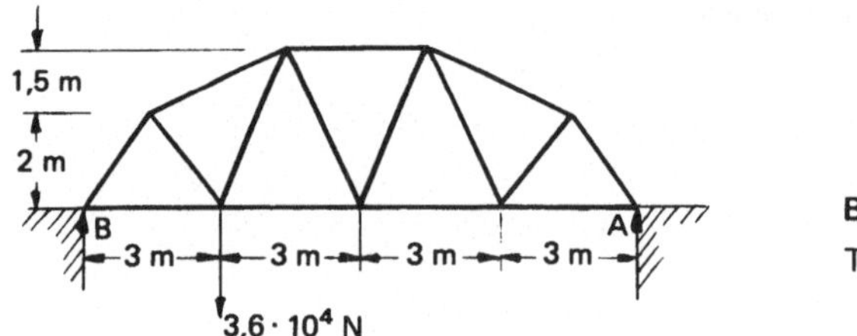

Bild 2.16
Tragwerk

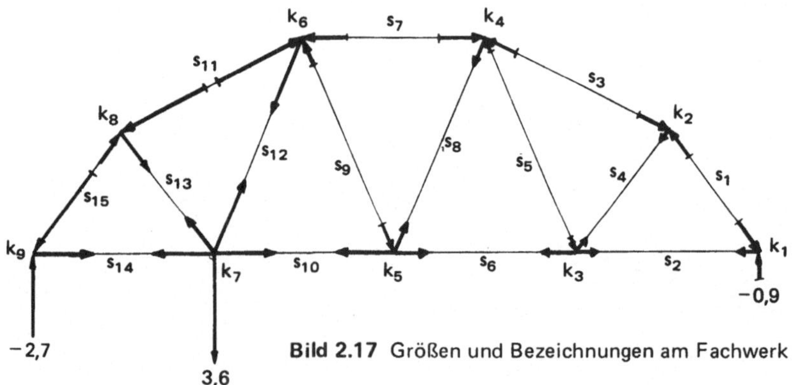

Bild 2.17 Größen und Bezeichnungen am Fachwerk

Für die Beschriftung der jeweiligen Knotenberechnung habe ich das in Tabelle 2.9 wiedergegebene Programm benutzt. Es berechnet für die Zahlen n = 1 bis 99 zu jeder Ziffer z ihre Kennziffer k für den Drucker nach der Gleichung

$$k = z + 1 + \text{Int}(z \div 7) \times 2. \qquad (2.1.29)$$

Die Beschriftung der n-ten Knotenberechnung erfolgt durch den Programmaufruf n E.

	1. KNOTEN:	
zu berechnende Kräfte	126.8698976	1. Winkel
	180.	2. Winkel
	0.8	Determinante ≠ Null
bekannte Größen	-0.9	1. Kraft A
	270.	1. Winkel
Ergebnis:	-1.125	1. Kraft S_1
	0.675	2. Kraft S_2

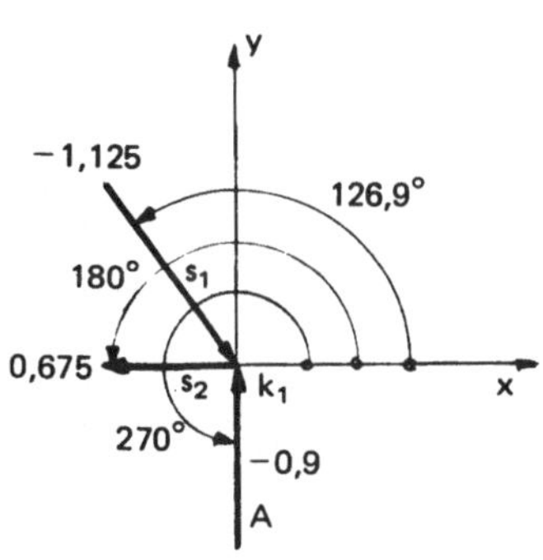

Bild 2.18 Der erste Knoten mit seinen Daten

```
2.KNOTEN:

153.4349488
233.1301024

.9838699101

        -1.125
306.8698976

-1.097706098
.5113636364

3.KNOTEN:

113.1985905
        180.

0.91914503

      0.675
         0.
.5113636364
53.13010235

-.4450776491
1.157142857
```

```
4.KNOTEN:

        180.
246.8014095

0.91914503

-.4450776491
293.1985905
-1.097706098
333.4349488

-1.542857143
.9791708279

5.KNOTEN:

113.1985905
        180.

0.91914503

1.157142857
         0.
.9791708279
66.80140949

-.9791708279
1.928571428
```

```
6.KNOTEN:

206.5650512
246.8014095

.6459422415

-1.542857143
         0.
-.9791708279
293.1985905

-3.293118294
2.581450365

7.KNOTEN:

126.8698976
        180.

        0.8

1.928571428
         0.
2.581450365
66.80140949
        3.6
       270.

1.534090908
      2.025
```

```
8.KNOTEN:

26.56505118
233.1301024

-.4472135955

1.534090908
306.8698976

-3.293118292
-3.374999998

9.KNOTEN:

         0.
53.13010235

        0.8

       -2.7
       270.

      2.025
     -3.375
```

Tabelle 2.9 Beschriftungsprogramm zur Knotenberechnung

240	76	LBL	265	00	0	290	01	1	316	03	03
241	15	E	266	00	0	291	85	+	317	85	+
242	47	CMS	267	42	STO	292	53	(	318	04	4
243	69	OP	268	02	02	293	32	X⇌T	319	00	0
244	00	00	269	76	LBL	294	55	÷	320	02	2
245	42	STO	270	10	E'	295	07	7	321	06	6
246	01	01	271	43	RCL	296	54	)	322	03	3
247	76	LBL	272	01	01	297	59	INT	323	01	1
248	43	RCL	273	55	÷	298	65	×	324	95	=
249	55	÷	274	01	1	299	02	2	325	69	OP
250	01	1	275	00	0	300	95	=	326	01	01
251	00	0	276	95	=	301	65	×	327	03	3
252	95	=	277	42	STO	302	43	RCL	328	02	2
253	32	X⇌T	278	01	01	303	02	02	329	03	3
254	01	1	279	22	INV	304	95	=	330	07	7
255	44	SUM	280	59	INT	305	44	SUM	331	01	1
256	00	00	281	22	INV	306	03	03	332	07	7
257	32	X⇌T	282	44	SUM	307	01	1	333	03	3
258	77	GE	283	01	01	308	00	0	334	01	1
259	43	RCL	284	65	×	309	00	0	335	06	6
260	01	1	285	01	1	310	49	PRD	336	02	2
261	00	0	286	00	0	311	02	02	337	69	OP
262	00	0	287	95	=	312	97	DSZ	338	02	02
263	00	0	288	85	+	313	00	00	339	69	OP
264	00	0	289	32	X⇌T	314	10	E'	340	05	05
						315	43	RCL	341	91	R/S

– 4 –

Für den in Bild 2.19 dargestellten, einseitig eingespannten Träger mit Strecken- und Punktlast, sind Durchbiegung, Balkenneigung und Momentverteilung gesucht.

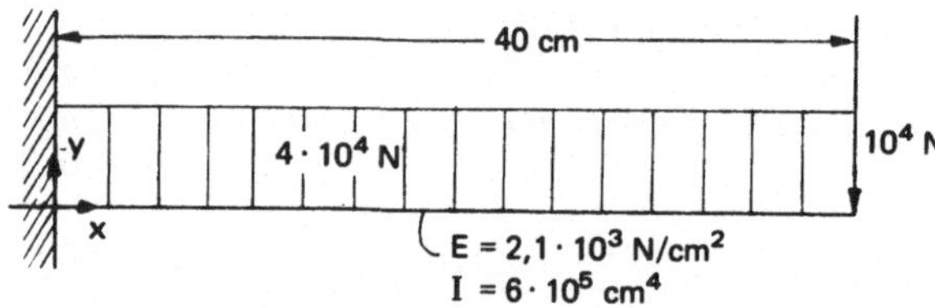

Bild 2.19
Einseitig eingespannter Träger mit Strecken- und Punktlast

Die Eingabe erfolgt durch den Aufruf E:

40.	Trägerlänge l (cm)
2.	Schrittweite x (cm)
10000.	Einzellast F (N)
40000.	Streckenlast Q (N)
2100.	E-Modul (N/cm^2)
600000.	Axiales Widerstandsmoment (cm^3)

Durchbiegung (Aufruf A):

Stelle x (cm)	Durchbiegung y (cm)
2.	-0.001852381
4.	-.0072042328
6.	-.0157571429
8.	-.0272253968
10.	-.0413359788
12.	-.0578285714
14.	-.0764555556
16.	-.0969820106
18.	-.1191857143
20.	-.1428571429
22.	-.1677994709
24.	-.1938285714
26.	-.2207730159
28.	-.2484740741
30.	-.2767857143
32.	-.3055746032
34.	-.3347201058
36.	-.3641142857
38.	-.3936619048
40.	-.4232804233

Neigung (Grad) (Aufruf B):

Stelle x (cm)	Neigung y' (grd)
2.	-.1046481645
4.	-.2005655435
6.	-.2881159198
8.	-.3676630762
10.	-.4395707952
12.	-.5042028597
14.	-.5619230524
16.	-0.613095156
18.	-.6580829533
20.	-.6972502269
22.	-.7309607596
24.	-.7595783341
26.	-.7834667332
28.	-.8029897395
30.	-.8185111359
32.	-0.830394705
34.	-.8390042295
36.	-.8447034922
38.	-.8478562759
40.	-.8488263632

Momentverlauf (Aufruf C):

Stelle x (cm)	Moment M (Ncm)
2.	1102000.
4.	1008000.
6.	918000.
8.	832000.
10.	750000.
12.	672000.
14.	598000.
16.	528000.
18.	462000.
20.	400000.
22.	342000.
24.	288000.
26.	238000.
28.	192000.
30.	150000.
32.	112000.
34.	78000.
36.	48000.
38.	22000.
40.	0.

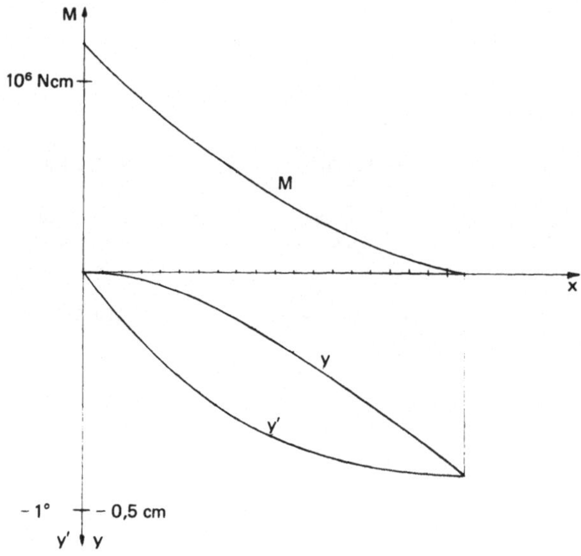

Bild 2.20
Durchbiegungs-, Neigungs- und Momentenverlauf

2.2 Seiltheorie

Anders wie im vorausgegangenen Abschnitt, geht man bei der mathematischen Formulierung der Theorie gespannter Seile davon aus, daß diese keine Biegemomente übertragen können, mit anderen Worten also biegeschlaff sind. Daraus resultiert, daß Querkräfte nicht und Zugkräfte nur tangential zur Seilkurve auftreten. Dies trifft in gleicher Weise auch auf Ketten zu.

2.2.1 Seil unter Eigenlast

Wir setzen ein Seil mit konstantem Querschnitt und homogener Massenverteilung voraus. Wir idealisieren das Seil weiterhin zu (unendlich) vielen und (unendlich) kleinen starren Stücken, die untereinander durch reibungslose Gelenke verbunden sind. Diese können nur Zugkräfte tangential zur Seilachse übertragen. Die Betrachtung eines solchen infinitesimalen Seilelements liefert nach Bild 2.21 folgenden Kraftansatz in vektorieller Schreibweise

$$(r + dr) \times (S + dS) + r \times (-S) + \left(r + \frac{dr}{2}\right) \times q\, dl = 0. \qquad (2.2.1)$$

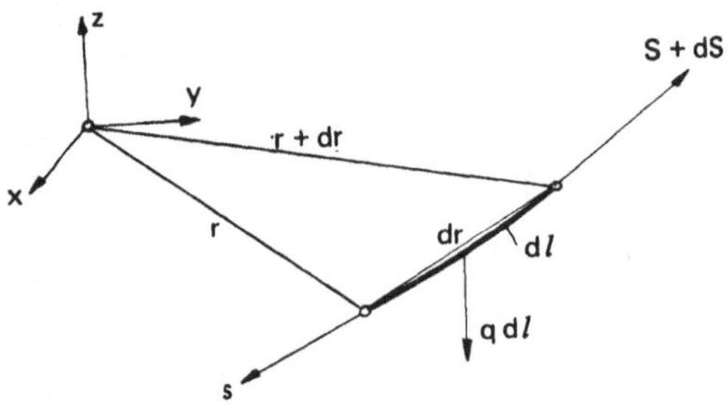

Bild 2.21
Seilelement

Da wir nachfolgend ausschließlich ebene Belastungszustände betrachten wollen, vereinfacht sich unser Ansatz zu der Betrachtung nach Bild 2.22 mit den Gleichungen

$$H = H + dH \qquad (2.2.2)$$

und

$$V + q\,dl = V + dV. \qquad (2.2.3)$$

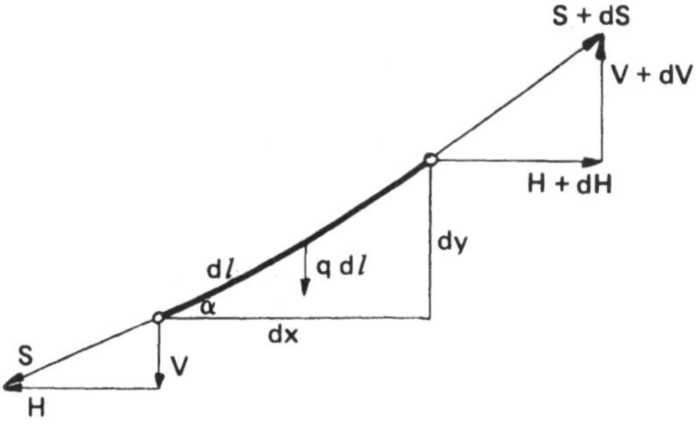

Bild 2.22
Ebenes Seilelement

Die Seilkraft S zerlegt sich in die Komponenten H und V. Aus der Gleichgewichtsbedingung folgt sofort, daß

$$dH = 0. \qquad (2.2.4)$$

Das heißt, der Horizontalzug H ist längs des Seiles konstant. Weiterhin ist

$$dV = q\,dl. \qquad (2.2.5)$$

Das Neigungsverhalten des Seilelements an der Stelle (x, y) ergibt sich aus der Gleichung

$$\frac{dy}{dx} = \frac{V}{H}. \qquad (2.2.6)$$

Das Verhalten längs des Seiles bestimmt damit die Differentialgleichung

$$\frac{d^2y}{dx} = \frac{dV}{H} = \frac{q}{H}\,dl, \qquad (2.2.7)$$

mit

$$dl = \sqrt{1 + \left(\frac{dy}{dx}\right)^2} \cdot dx, \qquad (2.2.8)$$

folgt weiterhin

$$\frac{d^2y}{dx} = \frac{q}{H}\sqrt{1 + \left(\frac{dy}{dx}\right)^2} \cdot dx. \qquad (2.2.9)$$

2.2.2 Die Seilkurve als Variationsproblem

Die Differentialgleichung (2.2.9) läßt sich näherungsweise durch eine Differenzengleichung der Form

$$\Delta \tan\alpha = \frac{q}{H}\sqrt{1 + (\tan\alpha)^2} \cdot \Delta x \qquad (2.2.10)$$

ersetzen. Sie ist die Grundgleichung unseres Berechnungsalgorithmus. Unter Vorgabe der Streckenlast q, des Horizontalzuges H und eines Wegelements Δx (je kleiner Δx, umso besser die Approximation an die tatsächliche Kurve), läßt sich die Neigungsänderung eines Seilelements gegenüber dem Nachbarelement bestimmen. Auf diese Weise erhalten wir iterativ die Bestimmung aller Seilelemente.

Den Berechnungsalgorithmus in Flußdiagrammform zeigt Bild 2.23. Unter Festlegung der Datenregister nach Tabelle 2.10 folgt unter Tabelle 2.11 das Programm.
Der Vorteil dieses Programms ist bei kleiner Schrittweite eine sehr genaue Annäherung an den tatsächlichen Seilverlauf und die Möglichkeit, auch komplexere Vorgänge wie unter 2.2.5–3– gezeigt, berechnen zu können.

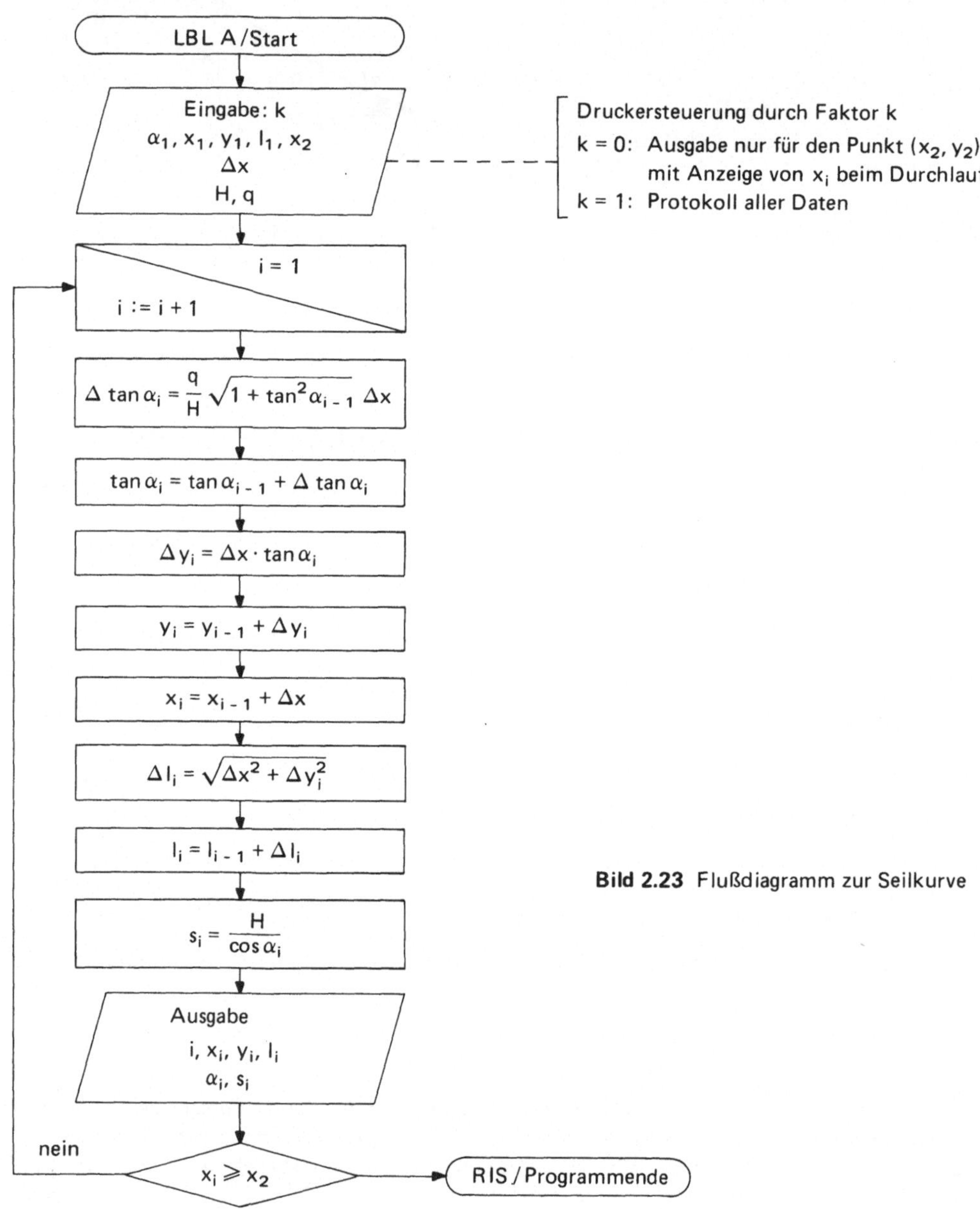

Bild 2.23 Flußdiagramm zur Seilkurve

Tabelle 2.10 Speicherplatzbelegung

01 q	04 l_i	07 x_i
02 H	05 x_2	08 α_1
03 Δx	06 y_i	09 k
10 $\tan \alpha_i$	11 i	

Tabelle 2.11 Programm Seilkurve als Variationsproblem

Eingabe

000	76	LBL
001	11	A
002	47	CMS
003	09	9
004	42	STO
005	00	00
006	91	R/S
007	99	PRT
008	72	ST*
009	00	00
010	97	DSZ
011	00	00
012	00	00
013	06	06
014	98	ADV
015	43	RCL
016	08	08
017	30	TAN
018	42	STO
019	10	10
020	01	1
021	42	STO
022	11	11
023	32	X⇄T
024	43	RCL
025	09	09
026	67	EQ
027	16	A'
028	86	STF
029	01	01

Start/Berechnung

030	76	LBL
031	16	A'

Neigungsänderung

032	01	1
033	85	+
034	43	RCL
035	10	10
036	33	X^2
037	95	=
038	34	√X
039	65	×
040	43	RCL
041	03	03
042	65	×
043	43	RCL
044	01	01
045	55	÷
046	43	RCL
047	02	02
048	95	=
049	44	SUM
050	10	10

Höhenänderung

051	43	RCL
052	10	10
053	65	×
054	43	RCL
055	03	03
056	95	=
057	44	SUM
058	06	06

Neue Seillänge

059	33	X^2
060	85	+
061	43	RCL
062	03	03
063	44	SUM
064	07	07
065	33	X^2
066	95	=
067	34	√X
068	44	SUM
069	04	04

Aufruf/Ausdruck

070	43	RCL
071	11	11
072	17	B'

Zählererhöhung

073	01	1
074	44	SUM
075	11	11

Abfrage + Rücksprung

076	43	RCL
077	05	05
078	32	X⇄T
079	43	RCL
080	07	07
081	22	INV
082	77	GE
083	16	A'
084	91	R/S

SBR/Ausdruck

085	76	LBL
086	17	B'
087	87	IFF
088	01	01
089	61	GTO
090	99	PRT
091	43	RCL
092	07	07
093	99	PRT
094	43	RCL
095	06	06
096	99	PRT
097	43	RCL
098	10	10
099	22	INV
100	30	TAN
101	99	PRT
102	43	RCL
103	04	04
104	99	PRT
105	43	RCL
106	02	02
107	55	÷
108	43	RCL
109	10	10
110	22	INV
111	30	TAN
112	39	COS
113	95	=
114	99	PRT
115	98	ADV
116	92	RTN

x-Anzeige bei k = 0

117	76	LBL
118	61	GTO
119	43	RCL
120	05	05
121	32	X⇄T
122	43	RCL
123	07	07
124	77	GE
125	99	PRT
126	43	RCL
127	07	07
128	66	PAU
129	92	RTN

Ausdruck bei k = 0

130	76	LBL
131	99	PRT
132	22	INV
133	86	STF
134	01	01
135	43	RCL
136	11	11
137	61	GTO
138	17	B'

Der Nachteil dieses Programms ist, daß es sich hier um ein Variationsproblem handelt, d.h. man muß mit mehreren Berechnungen, unter Variation von Anfangsneigungswinkel α_1 und Horizontalzug H, sich auf den zweiten Aufhängungspunkt ‚einschießen'. Dies wird in 2.2.5–1– anschaulich vorgeführt. Zu diesem Zweck ist auch die Kennziffer k im Programm vorhanden. Für k = 0 wird nur der letzte Programmdurchlauf, also die Daten für den 2. Aufhängungspunkt, ausgedruckt. Hat man sich dann ‚eingeschossen', wird mit k = 1 der gesamte Seilverlauf mit der Schrittweite Δx protokolliert.
Es liegt nun nahe, die Lösung der Differentialgleichung oder eine Näherung dafür zu suchen, um die Startwerte des Iterationsvorganges besser bestimmen zu können.

2.2.3 Die exakte Lösung

Bringt man die Differentialgleichung (2.2.9) auf die Form

$$\frac{dy'}{\sqrt{1+y'^2}} = \frac{q}{H}\,dx, \tag{2.2.11}$$

dann liefert eine erste Integration

$$\operatorname{arsinh} y' = \frac{q}{H}x + c_1. \tag{2.2.12}$$

Sei der tiefste Punkt der Seilkurve die Stelle (x_0, y_0), nach Bild 2.24, dann bestimmt sich die Integrationskonstante c_1 aus der Randbedingung $y'(x_0) = 0$ zu

$$c_1 = -\frac{q}{H}x_0. \tag{2.2.13}$$

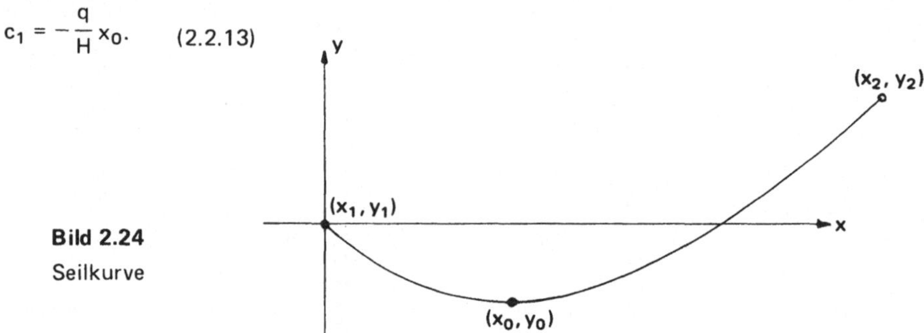

Bild 2.24
Seilkurve

Wir erhalten somit

$$y' = \sinh\left(\frac{q}{H}(x - x_0)\right). \tag{2.2.14}$$

Durch nochmalige Integration wird daraus

$$y = \frac{H}{q}\cosh\left(\frac{q}{H}(x - x_0)\right) + c_2. \tag{2.2.15}$$

Mit dem Koordinaten-Nullpunkt in (x_1, y_1), Bild 2.24, bestimmt sich c_2 aus der Randbedingung $y(x_1) = 0$, zu

$$c_2 = \frac{H}{q}\cosh\left(\frac{q}{H}x_0\right). \tag{2.2.16}$$

Die allgemeine Lösung lautet damit

$$y = \frac{H}{q}\left(\cosh\left(\frac{q}{H}(x - x_0)\right) - \cosh\left(\frac{q}{H}x_0\right)\right). \tag{2.2.17}$$

Die Unbekannten x_0 und y_0 ergeben sich mittels Randbedingungen aus den Gleichungen

$$x_0 = \frac{x_2}{2} - \frac{H}{q}\,\mathrm{artanh}\left(\frac{y_2}{l}\right) \tag{2.2.18}$$

und

$$y_0 = -\frac{H}{q}\left(\cosh\left(\frac{q}{H}x_0\right) - 1\right). \tag{2.2.19}$$

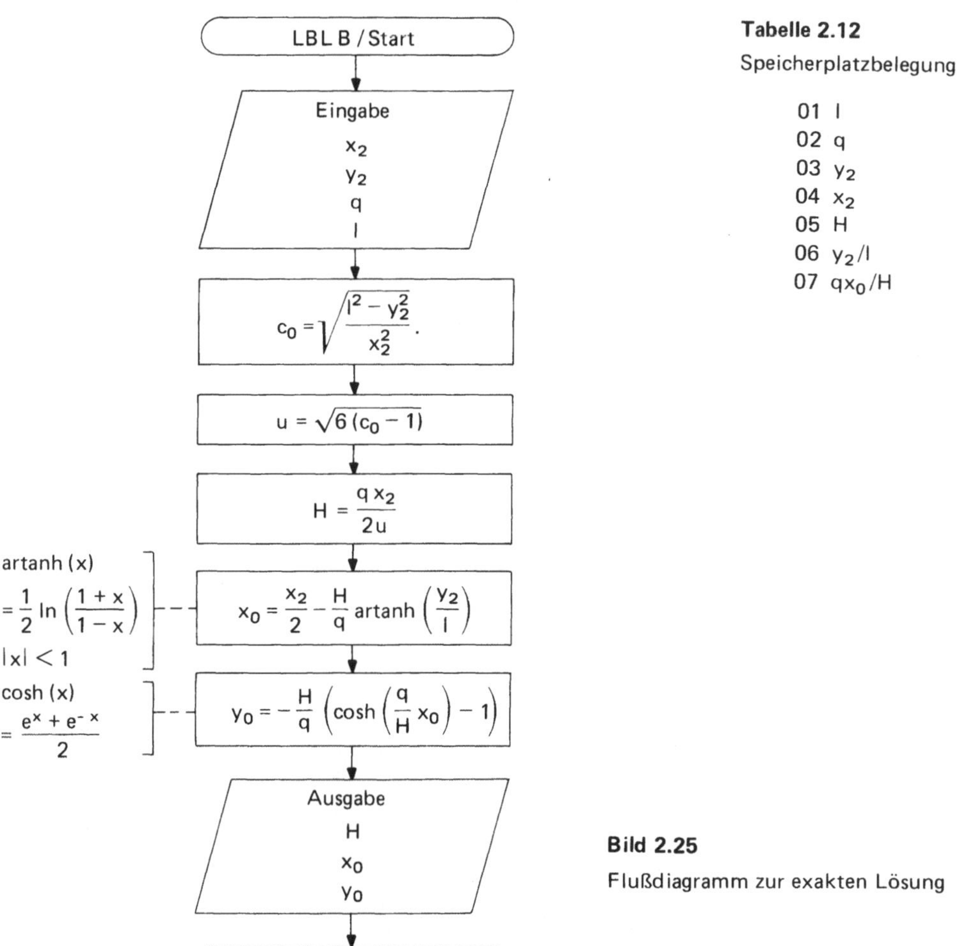

Tabelle 2.12

Speicherplatzbelegung

01	l
02	q
03	y_2
04	x_2
05	H
06	y_2/l
07	qx_0/H

Bild 2.25

Flußdiagramm zur exakten Lösung

Sind also die Aufhängungspunkte, die Seillänge und das spezifische Gewicht des Seiles bekannt, können alle übrigen Werte ermittelt werden. Der Horizontalzug H ergibt sich aus der Gleichung

$$\frac{qx_2}{2H}\sqrt{\frac{l^2-y_2^2}{x_2^2}} = \sinh\left(\frac{qx_2}{2H}\right). \qquad (2.2.20)$$

Durch Kürzung auf die Form

$$uc_0 = \sinh(u) \qquad (2.2.21)$$

mit $u = \frac{qx_2}{2H}$ und $c_0 = \sqrt{\frac{l^2-y_2^2}{x_2^2}}$ erhalten wir die goniometrische Gleichung

$$uc_0 - \sinh(u) = 0, \qquad (2.2.22)$$

deren Lösung nur graphisch oder durch eines der üblichen Näherungsverfahren, wie Newton-Cotes oder Regula falsi, bestimmt werden. Mit der Größe u ist dann auch der Horizontalzug H gegeben. Ein ausführliches Beispiel dazu ist 2.2.5–1–.

Tabelle 2.13 Exakte Lösung

Eingabe

```
000  76  LBL
001  12   B
002  47  CMS
003  04   4
004  42  STO
005  00   00
006  91  R/S
007  99  PRT
008  72  ST*
009  00   00
010  97  DSZ
011  00   00
012  00   00
013  06   06
014  98  ADV
```

c_0:

```
015  33  X²
016  75   -
017  43  RCL
018  03   03
019  33  X²
020  95   =
021  55   ÷
022  43  RCL
023  04   04
024  33  X²
025  95   =
```

u:

```
026  34  √X
027  75   -
028  01   1
029  95   =
030  65   ×
031  06   6
032  95   =
033  34  √X
```

H:

```
034  35  1/X
035  65   ×
036  43  RCL
037  02   02
038  65   ×
039  43  RCL
040  04   04
041  55   ÷
042  02   2
043  95   =
044  99  PRT
045  42  STO
046  05   05
```

x_0:

```
047  43  RCL
048  03   03
049  55   ÷
050  43  RCL
051  01   01
052  95   =
053  42  STO
054  06   06
055  85   +
056  01   1
057  95   =
058  55   ÷
059  53   (
060  01   1
061  75   -
062  43  RCL
063  06   06
064  95   =
065  23  LNX
066  65   ×
067  43  RCL
068  05   05
069  55   ÷
070  43  RCL
071  02   02
072  95   =
073  94  +/-
074  85   +
075  43  RCL
076  04   04
077  95   =
078  55   ÷
079  02   2
080  95   =
081  99  PRT
```

y_0:

```
082  65   ×
083  43  RCL
084  02   02
085  55   ÷
086  43  RCL
087  05   05
088  95   =
089  42  STO
090  07   07
091  22  INV
092  23  LNX
093  85   +
094  43  RCL
095  07   07
096  94  +/-
097  22  INV
098  23  LNX
099  95   =
100  55   ÷
101  02   2
102  95   =
103  75   -
104  01   1
105  95   =
106  65   ×
107  43  RCL
108  05   05
109  55   ÷
110  43  RCL
111  02   02
112  95   =
113  94  +/-
114  99  PRT
115  98  ADV
116  98  ADV
117  91  R/S
```

Die wichtigsten Gleichungen wollen wir wieder in einem Programm zusammenfassen. Die Benutzung eines Näherungsverfahrens wollen wir dadurch umgehen, daß wir für sinh (u) die ersten beiden Terme der Reihenentwicklung setzen. Wir erhalten so

$$uc_0 - \left(u + \frac{u^3}{6}\right) = 0. \tag{2.2.23}$$

Durch Ausklammern von u folgt

$$c_0 - 1 - \frac{u^2}{6} = 0. \tag{2.2.24}$$

Diese quadratische Gleichung ist lösbar nach der Formel

$$u = \sqrt{6\,(c_0 - 1)}, \tag{2.2.25}$$

dabei ist nur die positive Lösung real.

2.2.4 Straff gespanntes Seil unter vertikaler Einzellast

Wenn ein Seil straff gespannt verläuft, läßt sich nach Bild 2.26 annähernd

$$dl = \frac{dx}{\cos\alpha} \tag{2.2.26}$$

in die Gleichung (2.2.7) einsetzen

$$\frac{d^2y}{dx} = \frac{q}{H}\,\frac{dx}{\cos\alpha}. \tag{2.2.27}$$

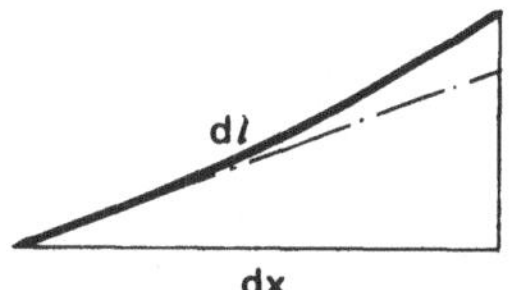

Bild 2.26 Element eines straffen Seiles

Eine zweifache Integration liefert

$$y = \frac{q}{2H\cos\alpha}\,x^2 + c_1 x + c_2. \tag{2.2.28}$$

Aus der Randbedingung y (x = 0) = 0 folgt unmittelbar

$$c_2 = 0.$$

Mit der Randbedingung $y(x_2) = y_2$ folgt

$$y_2 = \frac{q}{2H\cos\alpha}\,x_2^2 + c_1 x_2,$$

also

$$c_1 = \frac{y_2}{x_2} - \frac{q}{2H\cos\alpha}\,x_2. \tag{2.2.29}$$

Wir erhalten anschließend

$$y = \frac{q}{2H\cos\alpha}\,(x^2 - x_2 x) + \frac{y_2}{x_2}\,x. \tag{2.2.30}$$

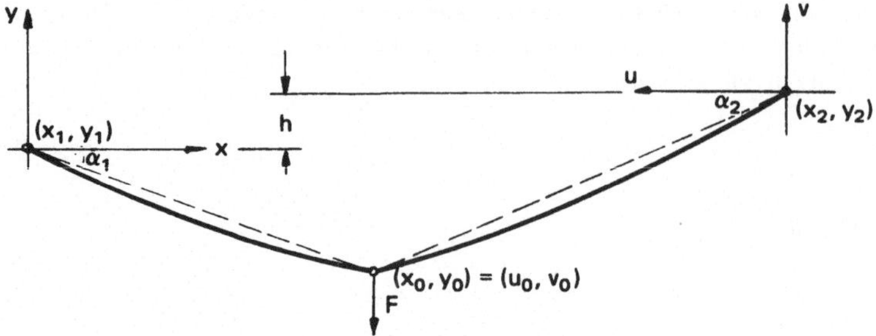

Bild 2.27 Straff gespanntes Seil unter Einzellast

Durch den Trick, in die beiden Aufhängungspunkte des Seiles, siehe Bild 2.27, jeweils einen Koordinaten-Ursprung zu legen, erhalten wir folgende Randbedingungen:

$$y\,(x = 0) = 0,$$
$$v\,(u = 0) = 0,$$
$$y\,(x = x_0) = h + v\,(u = u_0).$$

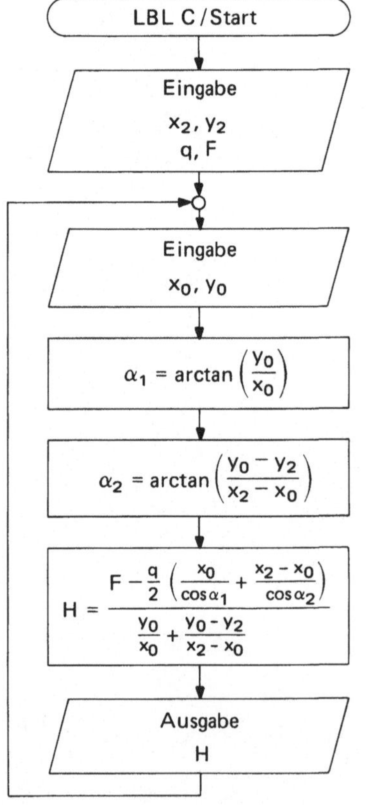

Tabelle 2.14
Speicherplatzbelegung

01	F
02	q
03	y_2
04	x_2
05	y_0
06	x_0
07	α_1
08	α_2

Bild 2.28
Flußdiagramm zum gespannten Seil

Die Seilkurve ergibt sich für das jeweilige Koordinatensystem nach Gleichung (2.2.30) zu

$$y(x) = \frac{q}{2H\cos\alpha_1}(x^2 - x_0 x) + \frac{y_0}{x_0}x \tag{2.2.31}$$

$$v(u) = \frac{q}{2H\cos\alpha_2}(u^2 - u_0 u) + \frac{v_0}{u_0}u. \tag{2.2.32}$$

Aus einer Gleichgewichtsbedingung für annähernd ‚horizontalen' Seilverlauf folgt

$$F = Hy'(x_0) + Hv'(u_0). \tag{2.2.33}$$

Durch Einsetzen der Ableitung von (2.2.31) und (2.2.32) für $x_0 = u_0$, erhalten wir daraus die Gebrauchsformel

$$H = \frac{F - \frac{q}{2}\,\frac{x_0}{\cos\alpha_1} + \frac{(x_2 - x_0)}{\cos\alpha_2}}{\frac{y_0}{x_0} + \frac{y_0 - y_2}{x_2 - x_0}}. \tag{2.2.34}$$

Mit Hilfe dieser Formel läßt sich der Horizontalzug näherungsweise vorbestimmen. Sie bildet den Abschluß der Berechnungsprogramme für das Themengebiet Seiltheorie.

Tabelle 2.15 Programm gespanntes Seil

Eingabe/Start

```
000  76 LBL
001  13  C
002  47 CMS
003  04  4
004  42 STO
005  00  00
006  91 R/S
007  99 PRT
008  72 ST*
009  00  00
010  97 DSZ
011  00  00
012  00  00
013  06  06
014  98 ADV
```

Eingabe/x_0, y_0

```
015  76 LBL
016  43 RCL
017  98 ADV
018  91 R/S
019  99 PRT
020  42 STO
021  06  06
022  91 R/S
023  99 PRT
024  42 STO
025  05  05
```

α_1

```
026  55  ÷
027  43 RCL
028  06  06
029  95  =
030  22 INV
031  30 TAN
032  42 STO
033  07  07
```

α_2

```
034  43 RCL
035  05  05
036  75  -
037  43 RCL
038  03  03
039  95  =
040  55  ÷
041  53  (
042  43 RCL
043  04  04
044  75  -
045  43 RCL
046  06  06
047  95  =
048  22 INV
049  30 TAN
050  42 STO
051  08  08
```

H:

```
052  43 RCL
053  06  06
054  55  ÷
055  43 RCL
056  07  07
057  39 COS
058  85  +
059  53  (
060  43 RCL
061  04  04
062  75  -
063  43 RCL
064  06  06
065  54  )
066  55  ÷
067  43 RCL
068  08  08
069  39 COS
070  95  =
071  65  ×
072  43 RCL
073  02  02
074  55  ÷
075  02  2
076  94 +/-
077  85  +
078  43 RCL
079  01  01
080  95  =
081  55  ÷
082  53  (
083  43 RCL
084  05  05
085  55  ÷
086  43 RCL
087  06  06
088  85  +
089  53  (
090  43 RCL
091  05  05
092  75  -
093  43 RCL
094  03  03
095  54  )
096  55  ÷
097  53  (
098  43 RCL
099  04  04
100  75  -
101  43 RCL
102  06  06
103  54  )
104  54  )
105  95  =
106  99 PRT
107  61 GTO
108  43 RCL
```

2.2.5 Anwendungsbeispiele

– 1 –

Zwischen zwei im Abstand von 50 m stehenden Masten der Höhen 30 m und 20 m, soll eine Leitung mit dem spezifischen Gewicht von 50 N/m eine lichte Höhe von 10 m nicht unterschreiten. Siehe Bild 2.29.

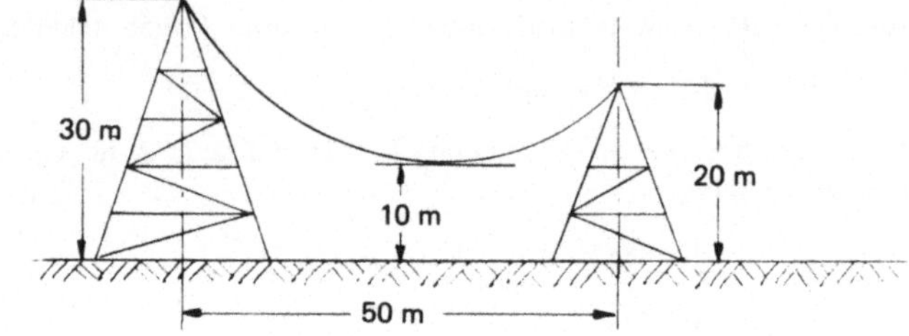

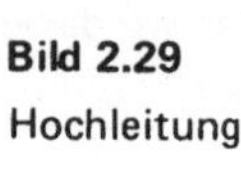

Bild 2.29
Hochleitung

Die Wahl der richtigen Seillänge ergibt alle weiteren Startdaten. Bei einer Seillänge von l = 60 m ergibt Programm B die gewünschten Werte:

Eingabe:

50.	$= x_2$
-10.	$= y_2$
50.	$= q$
60.	$= l$

Ausgabe:

1192.209946	$= H$
29.01145547	$= x_0$
-19.9368824	$= y_0$

Mit diesen Startwerten berechnet Programm A iterativ die Seilkurve. Ein Problem bleibt die Bestimmung des Startwinkels α_1. Seine Variation liefert einen Winkel von $\alpha_1 = -57.8°$.
Nachfolgend lediglich der Ausdruck für die richtige Kurve. Sie ergab sich nach 9 Ansätzen. Dabei wurden die ersten Berechnungen mit einer größeren Schrittweite durchgeführt.

Eingabe:

1.	$= k$
-57.8	$= \alpha_1$
0.	$= x_1$
30.	$= y_1$
50.	$= x_2$
0.	$= l_1$
1.	$= \Delta x$
1200.	$= H$
50.	$= q$

Ausgabe:

$= i =$	1.	2.	3.	4.	5.	50.
$= x_i =$	1.	2.	3.	4.	5.	50.
$= y_i =$	28.49021896	27.055893	25.69442167	24.40333624	23.18029518	19.76283117
$= \alpha_i =$	-56.48159163	-55.11611548	-53.70273669	-52.24071092	-50.72939833	43.60841803
$= l_i =$	1.810922084	3.55943315	5.248694579	6.881759673	8.4615791	60.47744182
$= S_i =$	2173.106501	2098.213279	2027.113715	1959.678112	1895.783313	1657.297107

6.	15.	24.	33.	42.
6.	15.	24.	33.	42.
22.02307994	14.26022686	10.56387495	10.37294698	13.63212897
-49.16827807	-32.8697386	-13.05633263	8.307624335	28.43960497
9.991006159	21.91703203	31.69558613	40.74983278	50.37018733
1835.31247	1428.730237	1231.845138	1212.725651	1364.691528
7.	16.	25.	34.	43.
7.	16.	25.	34.	43.
20.92959082	13.66365548	10.37474333	10.56107564	14.22110573
-47.55696358	-30.81909258	-10.7099385	10.65444741	30.49709664
11.47280184	23.08146211	32.71331437	41.76737511	51.53074479
1778.154822	1397.316093	1221.273888	1221.050795	1392.668957
8.	17.	26.	35.	44.
8.	17.	26.	35.	44.
19.89784319	13.11560203	10.22801705	10.7916019	14.85843906
-45.89521812	-28.72509661	-8.347235039	12.98139845	32.51071987
12.90963975	24.22179653	33.72402135	42.79360235	52.7165752
1724.205491	1368.401304	1212.848377	1231.472691	1422.996494
9.	18.	27.	36.	45.
9.	18.	27.	36.	45.
18.9259638	12.61506251	10.12340357	11.06488762	15.54518198
-44.18297067	-26.58977562	-5.972187936	15.28489613	34.47905748
14.30411081	25.3400719	34.72947845	43.83027255	53.92967695
1673.365273	1341.930448	1206.548521	1244.00423	1455.722094
10.	19.	28.	37.	46.
10.	19.	28.	37.	46.
18.01218738	12.1611178	10.06068413	11.38136793	16.28247081
-42.42033173	-24.41542219	-3.588858269	17.56155414	36.40093709
15.65872786	26.43828218	35.73144339	44.87915757	55.17209186
1625.540461	1317.852327	1202.35792	1258.662026	1490.897897
11.	20.	29.	38.	47.
11.	20.	29.	38.	47.
17.15485333	11.75293184	10.03971323	11.74155179	17.07152693
-40.60760895	-22.20459273	-1.201368035	19.80820141	38.27542158
16.97593008	27.51838207	36.73166325	45.94204628	56.44590879
1580.642655	1296.119867	1200.263838	1275.466452	1528.58031
12.	21.	30.	39.	48.
12.	21.	30.	39.	48.
16.35240271	11.38975005	10.06041815	12.14602268	17.91365876
-38.74532201	-19.96009976	1.186135432	22.02189856	40.10179793
18.25808724	28.58229043	37.73187758	47.02074767	57.75326719
1538.588601	1276.69004	1200.257189	1294.441673	1568.83009
13.	22.	31.	40.	49.
13.	22.	31.	40.	49.
15.6033753	11.07089778	10.12279868	12.59543945	18.81026385
-36.83421669	-17.68500024	3.569515457	24.19995032	41.87956463
19.50750393	29.63189358	38.73382135	48.11709408	59.0963609
1499.300024	1259.52378	1202.332531	1315.615686	1611.712441
14.	23.	32.	41.	50.
14.	23.	32.	41.	50.
14.90640692	10.79577897	10.22692686	13.09053733	19.76283117
-34.8752775	-15.38257974	5.944681635	26.33991414	43.60841803
20.7264235	30.66904852	39.73922807	49.23294439	60.47744182
1462.703485	1244.585922	1206.488067	1339.020369	1657.297107

Für das ,Einschießen' auf den zweiten Aufhängungspunkt wird die Kennziffer k = 0 eingesetzt. Es erfolgt nur der Ausdruck der letzten Berechnung. Bild 2.30 gibt die ersten 4 Versuche wieder. Die ersten 3 wurden mit der Schrittweite 5 und der letzte mit 1 durchgeführt. Die richtige Kurve mit ausreichender Genauigkeit zeigt Bild 2.31.

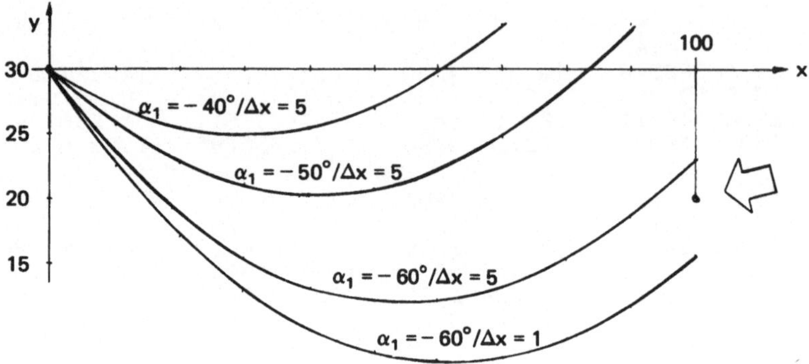

Bild 2.30 ,Einschießen' auf den zweiten Aufhängungspunkt

0.	0.	0.	0.
-40.	-50.	-60.	-60.
0.	0.	0.	0.
30.	30.	30.	30.
50.	50.	50.	50.
0.	0.	0.	0.
5.	5.	5.	1.
1200.	1200.	1200.	1200.
50.	50.	50.	50.
10.	10.	10.	50.
50.	50.	50.	50.
53.62141671	39.87242548	23.15529782	15.29375478
59.1018505	52.31124191	42.25734918	40.54601101
63.45221354	60.06676346	60.13045632	61.41650058
2336.841991	1962.799121	1621.332677	1579.188017

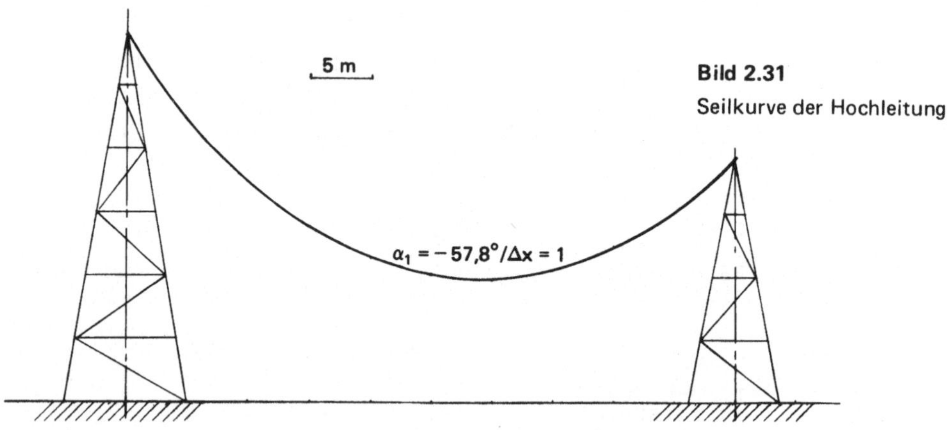

Bild 2.31
Seilkurve der Hochleitung

— 2 —

Auf einer Länge von 1000 m soll eine Seilbahn einen Höhenunterschied von 300 m überwinden. Die Last beträgt 20 kN und das spezifische Tragseilgewicht ist 100 N/m. Wir wollen für diese Seilbahn einen maximalen Durchhang von 50 m zulassen. Damit können wir iterativ für jeden Punkt einer Parallelen im Abstand 50 m zur Steigung

$$y = \frac{300}{1000}x - 50 = 0.3x - 50$$

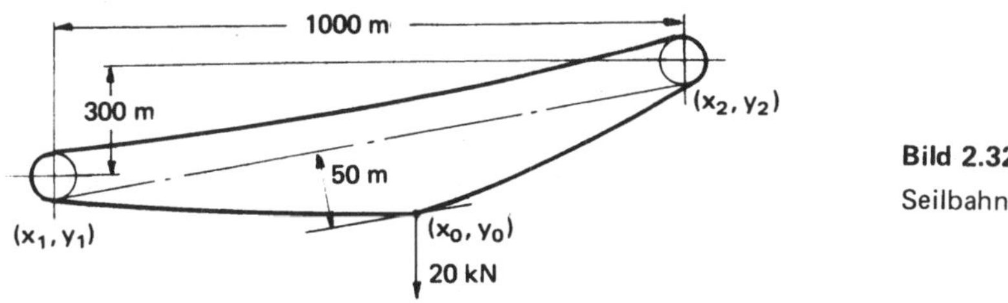

Bild 2.32
Seilbahn

Seilkräfte und Seillänge bestimmen. Doch zunächst errechnen wir den notwendigen Horizontalzug für äquivalente Stellen auf der Parallelen mittels Programm C.

Eingabe:	1000.	$= x_2$	400.	500.	600.
	300.	$= y_2$	70.	100.	130.
	100.	$= q$	155676.4232	162104.608	155651.5429
	20000.	$= l$			
			450.	550.	650.
Ausgabe:	350.	$= x_0$	85.	115.	145.
	55.	$= y_0$	160500.4942	160488.418	147593.484
	147632.7738	$= H$			

Wie zu erwarten war, erhalten wir für die Koordinaten (500, 100) den größten Horizontalzug. Da hier für das Seil auch der größte Durchhang zu erwarten ist, wollen wir für mittigen Lastangriff die Seilkurve ermitteln. Die direkten Winkel betragen $\alpha_1 = 11.3°$ und $\alpha_2 = -21.8°$. Wenn wir diese etwas neigen, bekommen wir gute Startwerte. 10 Versuche ergaben dann folgende Daten:

Linke Kurvenhälfte:

Eingabe:	1.	$= k$	2.	4.	6.
	2.1	$= \alpha_1$	40.	80.	120.
	0.	$= x_1$	2.207626817	5.404168669	9.591420511
	0.	$= y_1$	3.511663764	4.920983102	6.327112255
	500.	$= x_2$	40.06163333	80.18991152	120.4092339
	0.	$= l$	162408.9472	162703.7345	163097.4399
	20.	$= \Delta x$			
	162104.	$= H$	3.	5.	7.
	100.	$= q$	60.	100.	140.
			3.682185284	7.37382014	12.05728827
Ausgabe:	1.	$= i$	4.216669551	5.624498951	7.028718872
	20.	$= x_i$	60.11591773	100.2866657	140.5606731
	0.980287711	$= y_i$	162543.9859	162888.2116	163331.4454
	2.806071754	$= \alpha_i$			
	20.02400969	$= l_i$			
	162298.6033	$= S_i$			

```
         8.            12.            16.            21.
       160.           240.           320.           420.
14.77177961    28.12442777    45.49339198    72.91598446
7.729215436    10.51806507    13.28113502    16.68947164
160.7440441    241.8582144     323.729428    427.4359057
163590.2583    164874.3171    166558.6844    169232.8876

         9.            13.            17.            22.
       180.           260.           340.           440.
17.73528852    32.08870372    50.46777519    79.16987314
 8.42849943    11.21149311    13.96715283     17.3641732
180.9624116    262.2473165    344.3387581    448.3908842
163873.9124    165257.7502    167042.7425    169844.2917

        10.            14.            18.            23.
       200.           280.           360.           460.
20.94824676    36.30453548    55.69643133    85.68229929
9.126469259     11.9032112    14.65108498    18.03635315
201.2188452    282.6868184    365.0109338    469.4244691
164182.4453    165666.2507    167552.1179    170481.4124

        11.            15.            19.            24.
       220.           300.           380.           480.
24.41112398    40.77254488    61.18013578    92.45423272
 9.82302432    12.59312338    15.33284112    18.70592929
221.5164194    303.1798198    385.7490874    490.5398446
164515.8985    166099.8753    168086.8825    171144.3415

                              20.            25.
                             400.           500.
                      66.91970257    99.48668256
                      16.01233242    19.37282115
                      406.5563608    511.7402066
                      168647.1125    171833.1744
```

Rechte Kurvenhälfte:

Eingabe:

```
         1.  =k
       210.  =α1
      1000.  =x1
       300.  =y1                 2.             4.             6.
       500.  =x2               960.           920.           880.
99.48668255  =l         277.7590329    256.6440656    236.6420322
       -20.  =Δx        28.76434269    27.51403013    26.24949603
    162104.  =H         145.2548142    190.4864744    235.2094279
       100.  =q         184922.2343    182776.4275     180742.807
```

Ausgabe:

```
         1.  =i                  3.             5.             7.
       980.  =xi               940.           900.           860.
288.7379229  =yi         267.061632     246.504722    227.0544696
29.38402909  =αi        28.14099197    26.88351239    25.61204032
122.4395556  =li        167.9359603    212.9098169    257.3887281
186037.6264  =Si         183835.225    181745.6756    179767.6639
```

```
       8.
     840.
217.7405498
24.97120658
279.4511192
178820.0924

       9.
     820.
208.6988305
24.32705813
301.3999845
 177899.943

      10.
     800.
 199.927911
23.67966028
323.2386893
177007.0704

      11.
     780.
191.4264322
23.02908032
344.9705816
176141.3334

      12.
     760.
183.1930762
22.37538751
366.5989924
175302.5947

      13.
     740.
175.2265663
21.71865306
388.1272361
174490.7214

      14.
     720.
167.5256666
21.05895008
409.5586116
173705.5845

      15.
     700.
160.0891822
 20.3963536
430.8964021
172947.0592

      16.
     680.
152.9159582
19.73094049
452.1438759
172215.0245

      17.
     660.
146.0048804
19.06278947
473.3042869
171509.3637

      18.
     640.
139.3548747
18.39198106
494.3808753
170829.9639

      19.
     620.
132.9649068
17.71859753
515.3768675
170176.7162

      20.
     600.
126.8339824
 17.0427229
536.2954772
169549.5158

      21.
     580.
120.9611467
16.36444285
557.1399057
168948.2617

      22.
     560.
115.3454846
 15.6838447
577.9133422
168372.8569

      23.
     540.
109.9861201
15.00101738
598.6189643
167823.2085

      24.
     520.
104.8822166
14.31605135
619.2599388
167299.2271

      25.
     500.
100.0329764
13.62903854
639.8394221
166800.8275
```

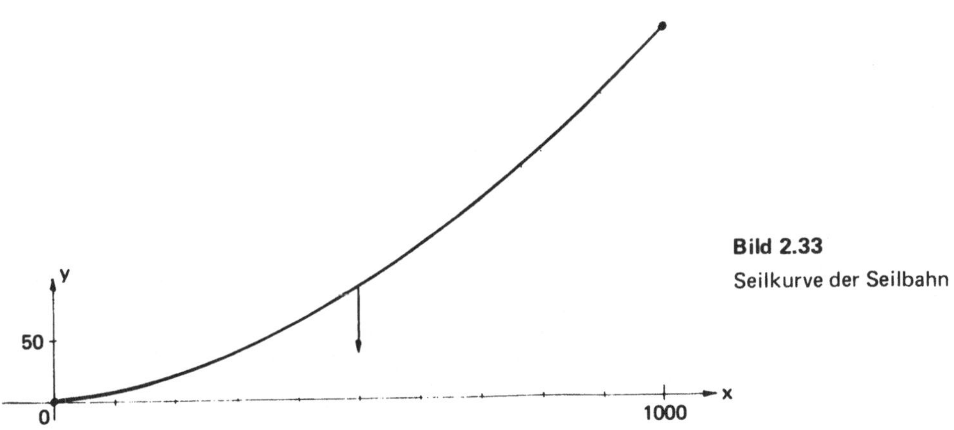

Bild 2.33

Seilkurve der Seilbahn

Die ermittelte Seilkurve zeigt Bild 2.33. Eine Betrachtung der Stelle, an der die Kraft angreift zeigt uns jedoch, daß diese Berechnung nur eine grobe Näherung ist. An dieser Stelle ergibt sich das in Bild 2.34 dargestellte Kräfteverhältnis. Nach der Gleichgewichtsbedingung können die an der Lastangriffsstelle vorhandenen Seilkräfte S und S′, mit ihren vertikalen Komponenten V und V′, nämlich nur eine etwas geringere Vertikallast V′ tragen. Es ist

$$V = S \sin(19.4) = 56999.4 \text{ N}$$
$$V' = S' \sin(13.6) = 39304.0 \text{ N}$$

und damit

$$L' = 17695.4 \text{ N} < L = 20000 \text{ N}$$

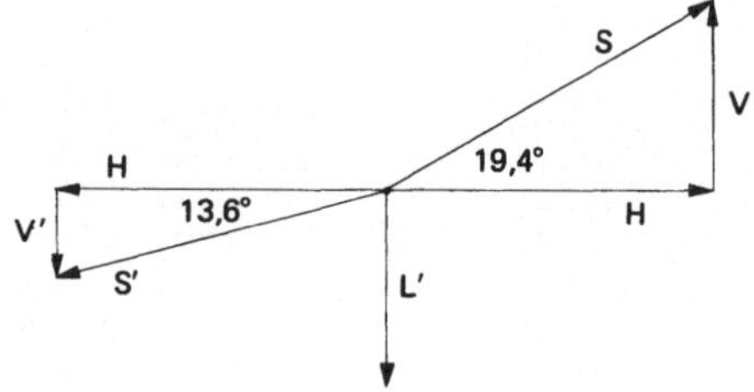

Bild 2.34 Kräfte am Lastangriffspunkt

– 3 –

Dieses Beispiel soll Ihnen einen Einblick geben, welche komplexen Probleme sich mit dem aufgestellten Programm bewältigen lassen.
Dazu betrachten wir eine Seilanordnung mit schief angreifender Einzellast und unterschiedlichen Streckenlasten. Ein rechnerischer Ansatz ist nicht möglich. Unter Annahme des Horizontalzuges und des Anfangswinkels ergeben sich die ersten 10 m linearen Abstand, wie in Bild 2.34 dargestellt. Über diese Entfernung soll lediglich das spezifische Seilgewicht wirken.

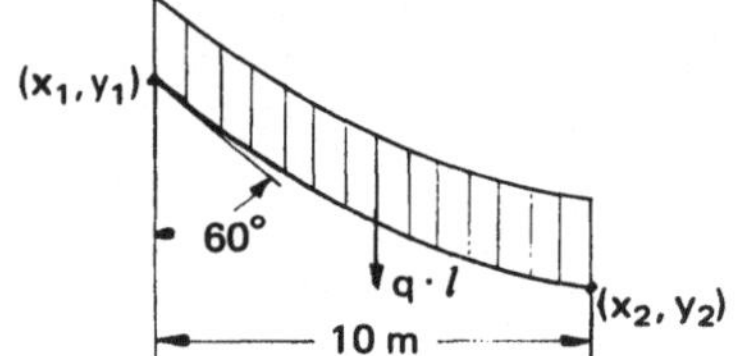

Bild 2.34 1. Seilstück

```
Eingabe:          1.  = k                2.              5.              8.
                -60.  = α1               2.              5.              8.
                  0.  = x1      46.83160092     42.75750461     39.41299024
                 50.  = y1     -56.94013513    -51.83920199    -46.09616287
                 10.  = x2      3.747180753      8.80819844     13.30279154
                  0.  = l1      1833.130117     1618.461952     1442.064866
                  1.  = Δx
               1000.  = H                3.              6.              9.
                 50.  = q                3.              6.              9.
                                45.38690915     41.56586372     38.44607901
Ausgabe:          1.  = i      -55.30943725    -49.99733171    -44.03622086
                  1.  = xi       5.50420503     10.36383593      14.6938046
         48.36794919  = yi      1757.024277      1555.63749     1391.013058
        -58.50311437  = αi
         1.914050636  = li               4.              7.             10.
         1914.050636  = Si               4.              7.             10.
                                44.03006859     40.45200471     37.54871843
                               -53.60955245    -48.08314928    -41.90355151
                                7.189736488     11.86072667     16.03740275
                                1685.531458     1496.890743     1343.598157
```

Soll dort nun eine Kraft mit einem horizontalen Anteil von F_H = 300 N und einem vertikalen Anteil F_v = 400 N angreifen, so ergibt sich aus der Gleichgewichtsbedingung der Kräfte

$$V = S \sin\alpha_1 = 897.4\ \text{N}$$
$$H' = H + F_H = 1300\ \text{N}$$
$$V' = V - F_V = 197.4\ \text{N}$$

$$\alpha_2 = \arctan \frac{V'}{H'} = 8.63^\circ$$

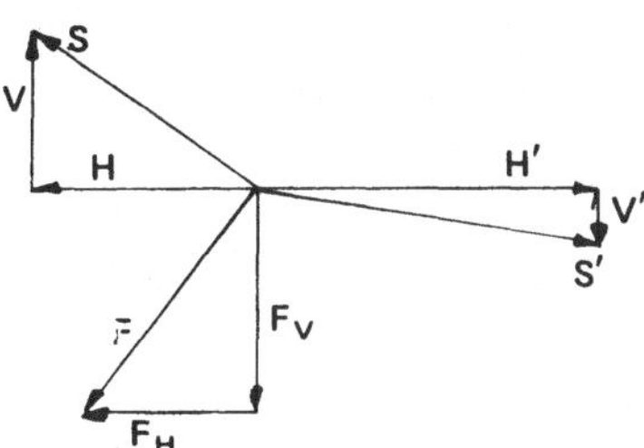

Bild 2.35 Kräfteverhältnisse

Damit haben wir den Ausgangswinkel für den weiteren Seilverlauf. Nach weiteren 10 m linearen Abstand wollen wir die Streckenlast ändern.

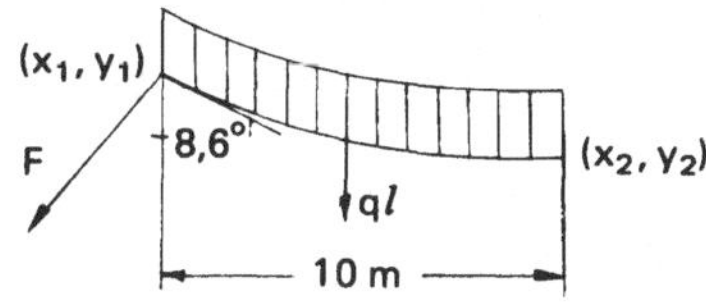

Bild 2.36 2. Seilstück

Eingabe:

1.	$= k$
-8.632488383	$= \alpha_1$
10.	$= x_1$
37.54871843	$= y_1$
20.	$= x_2$
16.03740275	$= l_1$
1.	$= \Delta x$
1300.	$= H$
50.	$= q$

Ausgabe:

1.	$= i$
11.	$= x_i$
37.43580485	$= y_i$
-6.44218611	$= \alpha_i$
17.0437573	$= l_i$
1308.260913	$= S_i$

2.	5.	8.
12.	15.	18.
37.36159721	37.37010978	37.72541245
-4.244005717	2.365389514	8.929064702
18.04650691	21.04799865	24.07042833
1303.574489	1301.108618	1315.94763
3.	6.	9.
13.	16.	19.
37.32595686	37.44991142	37.92146139
-2.041177513	4.562628338	11.09209574
19.04714182	22.05117775	25.08946473
1300.82539	1304.132827	1324.747321
4.	7.	10.
14.	17.	20.
37.32880247	37.56829687	38.15670403
.1630410618	6.75156261	13.23772549
20.04714587	23.05816093	26.11676172
1300.005263	1309.078128	1335.486085

Betrachten wir nun einen Ansatz für eine Streckenlaständerung. Für ein Seilelement mit veränderter Streckenlast ist nach Bild 2.37

$$H = H'$$
$$V + q'\Delta l = V'.$$

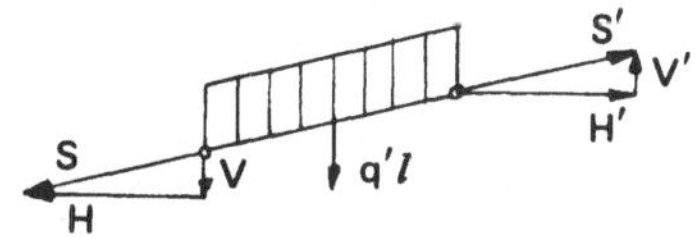

Bild 2.37 Streckenlaständerung am Seilelement

Das heißt, wir können mit den zuletzt berechneten Daten weiterrechnen und müssen nur die Streckenlast q in q' ändern. Dies soll für weitere 10 m linearen Abstand gelten.

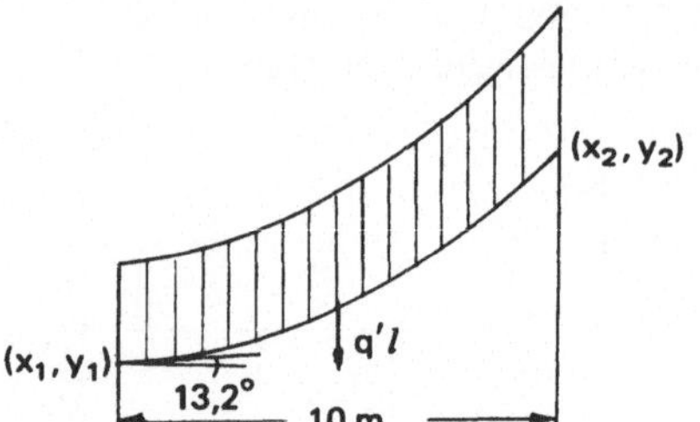

Bild 2.38 3. Seilstück

Eingabe:

1.	= k
13.23772549	= α_1
20.	= x_1
38.15670403	= y_1
30.	= x_2
26.11676172	= l_1
1.	= Δx
1300.	= H
200.	= q

Ausgabe:

= i	= x_i	= y_i	= α_i	= l_i	= S_i
1.	21.	38.54999237	21.46913559	27.1913201	1396.925896
2.	22.	39.10859738	29.18794439	28.33676305	1489.075839
3.	23.	39.84342438	36.30945049	29.57771862	1613.24224
4.	24.	40.76916763	42.79176592	30.9404367	1771.533499
5.	25.	41.90455981	48.62791926	32.45341899	1966.876974
6.	26.	43.27271849	53.83658079	34.14807476	2203.052505
7.	27.	44.90159345	58.45337613	36.05941817	2484.746433
8.	28.	46.82452124	62.52374956	38.22682475	2817.628555
9.	29.	49.0808962	66.09761756	40.69486607	3208.453713
10.	30.	51.71696982	69.22565508	43.51424262	3665.189516

Abschließend sollen noch weitere 10 m linearer Abstand mit dem spezifischen Seilgewicht q = 50 N/m folgen.
Den so ermittelten Seilverlauf zeigt Bild 2.39.

Eingabe:

1.
69.22565508
30.
51.71696982
40.
43.51424262
1.
1300.
50.

Ausgabe:

1.	31.	54.461481	69.98010031	46.43525984	3797.322391
2.	32.	57.318339	70.70817246	49.46207956	3934.865635
3.	33.	60.29161314	71.41068599	52.59901423	4078.015068
4.	34.	63.38553861	72.08844162	55.85053308	4226.974506
5.	35.	66.6045225	72.74222525	59.2212685	4381.956049
6.	36.	69.95315006	73.37280704	62.71602265	4543.18039
7.	37.	73.43619124	73.98094066	66.33977428	4710.877119
8.	38.	77.05860749	74.56736274	70.09768586	4885.285055
9.	39.	80.82555879	75.13279236	73.99511093	5066.652584
10.	40.	84.74241106	75.67793079	78.0376017	5255.238013

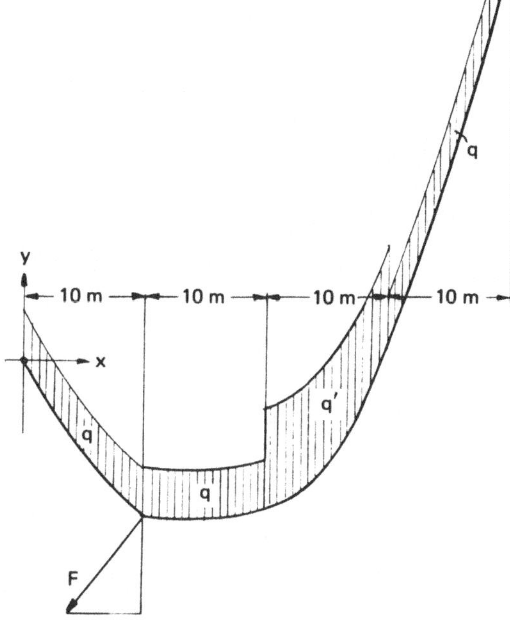

Bild 2.39

Seilkurve eines kombiniert belasteten Seiles

2.3 Reibung

Eine bei jedem technischen Prozeß beteiligte und leider auch ebenso notwendige Kraft, ist die Reibungskraft. Sie entsteht an der gemeinsamen Berührfläche zweier Körper, wenn diese sich gegeneinander bewegen oder bewegt werden sollen. Ihre Wirkrichtung ist immer der Bewegung entgegengesetzt. Werden die Körper aus der Ruhe heraus bewegt, so muß die Haftreibung, ansonsten die Gleitreibung überwunden werden.

Eine allgemeingültige Gleichung für alle Reibungsfälle ist leider nicht gegeben, so daß ich mich nachfolgend auf spezielle Anwendungsbeispiele beschränke.

2.3.1 Keil und schiefe Ebene

Die in der Natur aufs vielfältigste verwendete schiefe Ebene, läßt sich auf folgendes Grundprinzip zurückführen. Nach Bild 2.40 wird ein Körper I auf einem Körper II aus der Ruhe oder gleichförmig mittels der Kraft F_2 bewegt. Eine Gewichtskomponente erzeugt die für die Reibung grundlegende Normalkraft. Aus der allgemeinen Gleichgewichtsbedingung leitet sich die analytische Lösung

$$F_2 = F_1 \frac{\sin(\alpha \pm \rho)}{\cos(\beta \mp \rho)} \qquad (2.3.1)$$

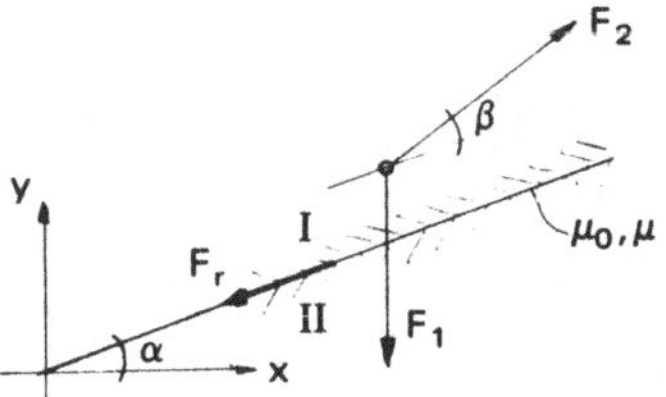

Bild 2.40

Grundprinzip schiefe Ebene

ab. Darin gilt das obere Rechenzeichen für eine Bewegung nach oben, daß untere für die Bewegung nach unten, für Körper I. Ist es eine Bewegung aus der Ruhe heraus, so ist

$$\rho = \arctan \mu_0 \qquad (2.3.2)$$

und anderenfalls

$$\rho = \arctan \mu. \qquad (2.3.3)$$

Für dieses einfache Programm wollen wir uns ein Flußdiagramm sparen und nur in Tabelle 2.16 und 2.17 die Speicherplatzbelegung und das Rechnerprogramm wiedergeben.

Tabelle 2.16

Speicherplatzbelegung

01	F_1	05	+ 1 für eine Bewegung nach oben
02	β		− 1 für eine Bewegung nach unten
03	α		
04	$\mu, \mu_0/\rho$		

Tabelle 2.17

Programm schiefe Ebene für den TI 58/59

Start
```
000  76  LBL
001  11   A
002  47  CMS
003  05   5
004  42  STO
005  00   00
```
Eingabe
```
006  76  LBL
007  43  RCL
008  91  R/S
009  99  PRT
010  72  ST*
011  00   00
012  97  DSZ
013  00   00
014  43  RCL
015  98  ADV
```
Berechnung
```
016  43  RCL
017  04   04
018  22  INV
019  30  TAN
020  65   ×
021  43  RCL
022  05   05
023  95   =
024  42  STO
025  04   04
026  43  RCL
027  03   03
028  85   +
029  43  RCL
030  04   04
031  95   =
032  38  SIN
033  55   ÷
034  53   (
035  43  RCL
036  02   02
037  75   -
038  43  RCL
039  04   04
040  54   )
041  39  COS
042  65   ×
043  43  RCL
044  01   01
045  95   =
046  99  PRT
047  61  GTO
048  11   A
```

2.3.2 Gewindereibung

Eine Gewindefläche entsteht durch gleichzeitige Rotation und Translation einer ebenen Kurve, nach Bild 2.41

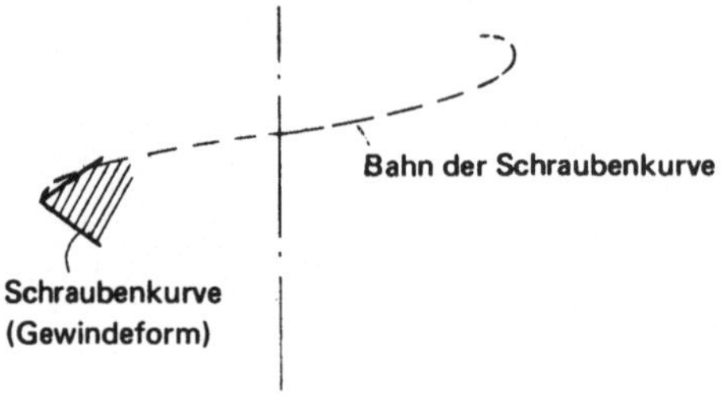

Bahn der Schraubenkurve

Schraubenkurve (Gewindeform)

Bild 2.41
Gewinde

Nach der Form der Kurve unterscheidet man Spitz-, Flach-, Trapez-, usw. Gewinde, also die Gewindeform. Bei der Gewindebewegung tritt die Normalkraft senkrecht zur Schraubenfläche nach Bild 2.42 auf. Sie erzeugt eine Reibkraft und ein daraus resultierendes Reibmoment. Die Reibkraft wird dabei mittig zur Schraubenfläche abgenommen. Auch hier ergeben sich aus der allgemeinen Gleichgewichtsbedingung die Endgleichungen

$$F = (\cos\alpha \cos\beta \pm \sin\alpha \tan\rho)\ N \qquad (2.3.4)$$

und

$$M = (\sin\alpha \cos\beta \mp \cos\alpha \tan\rho)\ N. \qquad (2.3.5)$$

Beim Flachgewinde ist $\beta = 0$ und damit $\cos\beta = 1$, womit als Spezialfall folgt

$$F = (\cos\alpha \pm \sin\alpha \tan\rho)\ N \qquad (2.3.6)$$

und

$$M = (\sin\alpha \mp \cos\alpha \tan\rho)\ N. \qquad (2.3.7)$$

Bild 2.42 Kräfte am Gewinde

Da die Last allgemein bekannt ist, soll unser Programm die Normalkraft bestimmen und das daraus resultierende Reibmoment. Das Vorzeichen richtet sich nach einer Bewegung gegen die Last (oberes Zeichen) oder mit dieser (unteres Zeichen).

Tabelle 2.18

Speicherplatzbelegung

00 Zähler
01 a
02 F
03 μ
04 β
05 α
06 { +1 bei Bewegung gegen die Last; −1 bei Bewegung mit der Last }

Tabelle 2.19

Start

```
000  76  LBL
001  11   A
002  47  CMS
003  06   6
004  42  STO
005  00   00
```

Eingabe

```
006  76  LBL
007  43  RCL
008  91  R/S
009  99  PRT
010  72  ST*
011  00   00
012  97  DSZ
013  00   00
014  43  RCL
015  98  ADV
```

Berechnung

```
016  43  RCL
017  05   05
018  39  COS
019  65   ×
020  43  RCL
021  04   04
022  39  COS
023  85   +
024  43  RCL
025  06   06
026  65   ×
027  43  RCL
028  05   05
029  38  SIN
030  65   ×
031  43  RCL
032  03   03
033  95   =
034  32  X⇌T
035  43  RCL
036  02   02
037  55   ÷
038  32  X⇌T
039  95   =
040  99  PRT
041  65   ×
042  53   (
043  43  RCL
044  05   05
045  38  SIN
046  65   ×
047  43  RCL
048  04   04
049  39  COS
050  75   -
051  43  RCL
052  06   06
053  65   ×
054  43  RCL
055  05   05
056  39  COS
057  65   ×
058  43  RCL
059  03   03
060  95   =
061  99  PRT
062  91  R/S
```

2.3.3 Seilreibung

Durch die Bewegung eines Seiles über eine zylindrische Rolle, wird durch den Andruck des Seiles eine Reibkraft erzeugt. Die Betrachtung eines infinitesimalen Seilelements nach Bild 2.43 liefert durch die Gleichgewichtsbedingung

$$dF_S = dF_r = \mu dF_N. \tag{2.3.8}$$

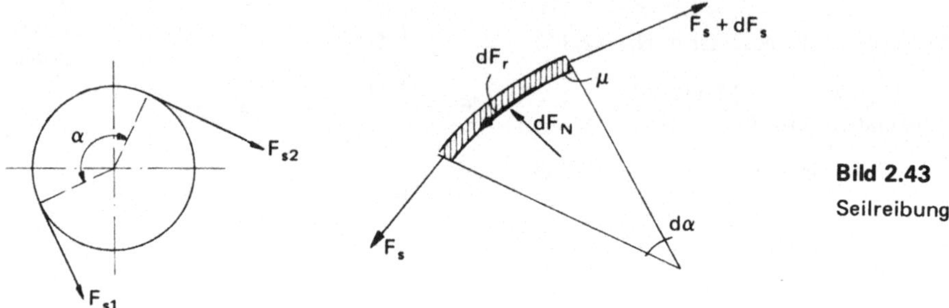

Bild 2.43
Seilreibung

Die Normalkraftkomponente ergibt sich angenähert durch

$$dF_N = F_S \cdot d\widehat{\alpha}. \tag{2.3.9}$$

Die Betrachtung über den ganzen Umschlingungswinkel liefert das Integral

$$\int_{F_{S1}}^{F_{S2}} \frac{dF_S}{F_S} = \int_0^{\widehat{\alpha}} \mu \, d\widehat{\alpha}, \tag{2.3.10}$$

womit folgt (die Integrationskonstante entfällt durch Randbedingungen):

$$\ln\left(\frac{F_{S1}}{F_{S2}}\right) = \mu\widehat{\alpha}. \tag{2.3.11}$$

Aufgelöst nach den Kräften erhalten wir die Eytelweinsche Gleichung

$$F_{S1} = F_{S2} \cdot e^{\mu\widehat{\alpha}} \tag{2.3.12}$$

Da $\mu\alpha > 0$, ist die Seilkraft $F_{S1} > F_{S2}$; die Kraft F_{S1} wirkt also immer der Bewegungsrichtung des Seiles nach. Der Wert von α ergibt sich aus der einfachen Umrechnung

$$\widehat{\alpha} = \frac{\pi}{180^\circ} \cdot \alpha^\circ \tag{2.3.13}$$

Tabelle 2.20
Speicherplatzbelegung

01 $\mu\widehat{\alpha}$

Tabelle 2.21

Programm Seilreibung zum TI 58/59

Start

```
000  76  LBL
001  11   A
002  47  CMS
```

Eingabe + Berechnung

```
003  91  R/S
004  99  PRT
005  42  STO
006  01   01
007  91  R/S
008  99  PRT
009  55   ÷
010  01   1
011  08   8
012  00   0
013  65   ×
014  89   π
015  95   =
016  49  PRD
017  01   01
018  91  R/S
019  99  PRT
020  98  ADV
021  65   ×
022  43  RCL
023  01   01
024  22  INV
025  23  LNX
026  95   =
027  99  PRT
028  91  R/S
```

2.3.4 Anwendungsbeispiele

– 1 –

Auf einer schiefen Ebene von 20° liegt eine Last von 20 kN. Die Haftreibung beträgt 0.3. Die Last wird durch eine Kraft um 5° zur Ebene gehalten. Gesucht ist die Haltekraft bzw. die Kraft die benötigt wird, um die Last nach oben zu ziehen.

1.	nach oben	-1.	nach unten
0.3	μ_0	0.3	μ_0
20.	α	20.	α
5.	β	5.	β
20.	F_1	20.	F_1
12.20586228	F_2	1.239368745	F_2

Um die Last zu halten wird eine Kraft von 1.24 kN benötigt. Um sie nach oben zu ziehen müssen 12.21 kN aufgebracht werden.

– 2 –

Auf einen Keil nach Bild 2.44 wirken Normalkräfte von 1 kN. Bei einer Haftreibung von 0.3 ergibt sich die Frage, welche Kraft zum Eintreiben des Keiles und welche zum Herausziehen benötigt wird.

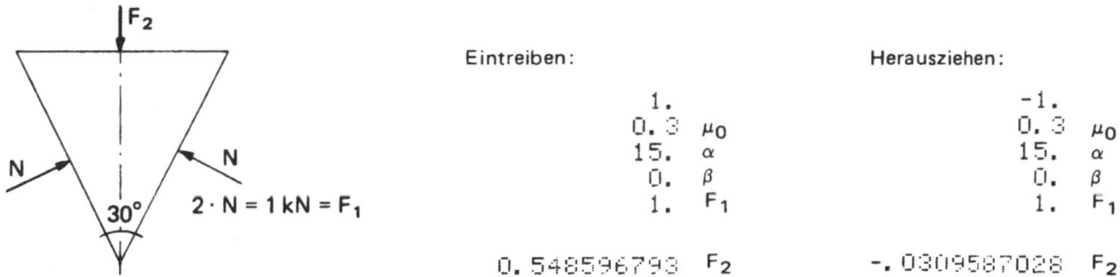

Bild 2.44 Keil

Zum Eintreiben werden 0.55 kN und zum Herausziehen 0.031 kN benötigt.

– 3 –

Auf einem spitzen Bewegungsgewinde von 50° Flankenneigung und einer Steigung von 5°, sowie einem Flankenradius von 3 cm bewegt sich eine Last von 10 kN. Bei einem Reibungskoeffizienten von 0.2 ist nach der Normalkraft und dem Reibmoment gesucht.

Last nach oben		Last nach unten	
1.		-1.	
5.	α	5.	α
25.	β	25.	β
0.2	μ	0.2	μ
10.	F (kN)	10.	F (kN)
3.	a cm	3.	a cm
10.86613812	N (kN)	11.29397482	N (kN)
-1.306642366	M (kNcm)	3.14230983	M (kNcm)

Die Bewegung nach unten bewirkt also eine größere Belastung des Gewindes.

– 4 –

Eine Last wird über eine feststehende Umlenkrolle nach oben gezogen. Das Seil, an dem die Last hängt, umschlingt die Rolle mit 120°. Der Reibungskoeffizient beträgt 0.2. Die Last wiegt 500 kN. Es ist nach der Zugkraft gefragt.

```
  0.2   = μ
120.    = α°
500.    = Fs2

760.1282119   = Fs1
```

3 Kinematik

Während wir zuvor in der Statik den Spezialfall behandelt haben, daß äußere Kräfte am starren Körper keine Bewegung hervorrufen, wird in den nachfolgenden Kapiteln die durch Kräfte hervorgerufene Bewegungsänderung untersucht. Dabei wurde keine streng thematische, sondern vielmehr eine für den Rechner interessante Einteilung vorgenommen.
Bei der Kinematik sieht man von der Masse und den am Körper angreifenden Kräften ab und untersucht nur deren Geometrie der Bewegung. Wir betrachten damit die Lageänderung eines Punktes über der Zeit. Dies geschied bezüglich eines passend gewählten Koordinatensystem.

3.1 Numerische Behandlung von Differentialgleichungen der Bewegung

Soweit in diesem Buch die Problemanalyse auf eine Differentialgleichung führt, siehe auch Seiltheorie, habe ich deren numerische Integration, um Sie nur mit einer Methode zu konfrontieren, nach dem Euler-Cauchy-Verfahren durchgeführt. Daher will ich diese Methode kurz erläutern.

Sei nach Bild 3.1 $y = f(x)$ die analytische Lösung der allgemeinen Differentialgleichung $y' = f(x, y)$. Aus der Differentialgleichung folgt die Anfangsbedingung $y_0' = f(x_0, y_0)$ als bekannter Wert. Geht man nun auf der Abszisse um die Schrittweite Δx weiter, so läßt sich die auftretende Ordinatenzunahme Δy annähernd durch den Wert Δy_n beschreiben. Es gilt

$$y' = \frac{\Delta y_n}{\Delta x}. \tag{3.1.1}$$

Aus der Grenzwertbetrachtung folgt

$$y' = \lim_{\Delta x \to 0} \frac{\Delta y_n}{\Delta x} = \lim_{\Delta x \to 0} \frac{\Delta y}{\Delta x} = \frac{dy}{dx} \tag{3.1.2}$$

und damit die exakte Lösung. Bei diesem Verfahren wird also der Differentialquotient

$$\frac{dy}{dx}$$

durch den Differenzenquotient

$$\frac{\Delta y}{\Delta x}$$

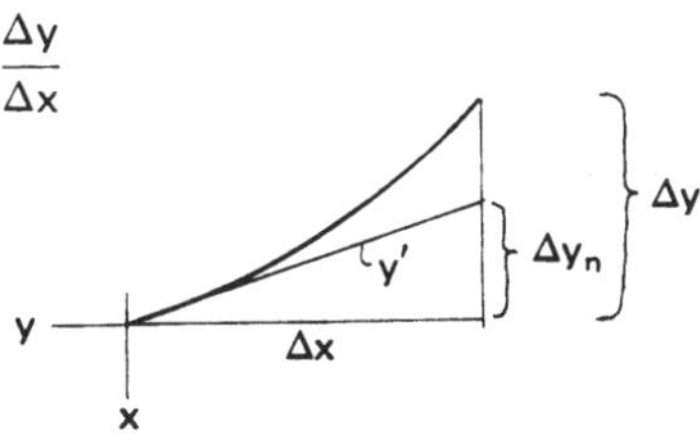

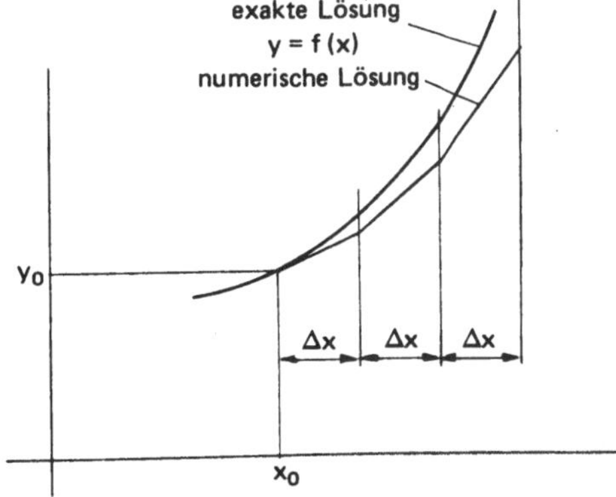

Bild 3.1
Das Euler-Cauchy-Verfahren

angenähert. Wählt man Δx also genügend klein, kommt man der analytischen Lösung beliebig nahe. Den Nachteil dieses Verfahrens zeigt Bild 3.1 ebenfalls deutlich. Mit zunehmenden Schritten entfernt sich die numerische immer mehr von der analytischen Lösung. Wer genauere Verfahren benutzen möchte, kann diese unter [2] und [12] nachlesen. Als Stichwort möchte ich das oft benutzte Runge-Kutta-Verfahren nennen. Betrachtungen zur Fehlergröße der einzelnen Verfahren entnehmen Sie bitte ebenfalls der Literatur.

Speziell in den nachfolgenden Fällen wird das Euler-Cauchy-Verfahren zweimal Anwendung finden, da Massenpunkt oder starrer Körper zur Änderung ihres Bewegungszustandes durch Kräfte F_j, $j = 1, \ldots, n$ gezwungen, diesen ihre träge Masse entgegensetzen. Als Gleichung

$$\sum_{j=1}^{n} F_j = F_r = -m\,a. \tag{3.1.3}$$

Die Momentanbeschleunigung ergibt sich als Differentialquotient

$$a = \frac{dv}{dt} = \dot{v}, \tag{3.1.4}$$

so daß die 1. Anwendung des Euler-Cauchy-Verfahrens,

$$\Delta v = -\frac{F_r}{m}\,\Delta t, \tag{3.1.5}$$

die während der Zeiteinheit Δt auftretende Geschwindigkeitsänderung liefert. Für die Momentangeschwindigkeit gilt weiterhin der Differentialquotient

$$v = \frac{ds}{dt} = \dot{s}, \tag{3.1.6}$$

so daß eine 2. Anwendung des Euler-Cauchy-Verfahrens,

$$\Delta s = v\,\Delta t, \tag{3.1.7}$$

den während der Zeiteinheit Δt zurückgelegten Weg annähernd beschreibt. Die Momentangeschwindigkeit wird dabei aus Einfachheitsgründen für die Berechnung durch die Ausgangsgeschwindigkeit für das Zeitintervall ersetzt.

3.2 Bewegung des materiellen Punktes

Die Lage eines Massenpunktes zum Zeitpunkt t wird durch den Ortsvektor $r(t)$ bezüglich eines raumfesten Koordinatensystems bestimmt. Siehe Bild 3.2. In einem Zeitintervall Δt verändert er seine Lage um $\Delta r(t, \Delta t)$ nach $r(t + \Delta t)$. Der Übergang auf ein infinitesimales Zeitintervall dt liefert zum Zeitpunkt t die Momentangeschwindigkeit

$$v(t) = \lim_{\Delta t \to 0} \frac{r(t + \Delta t) - r(t)}{\Delta t} = \frac{dr(t)}{dt}. \tag{3.1.8}$$

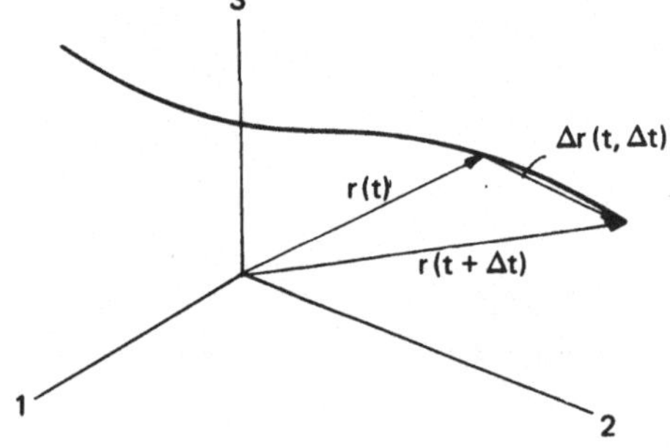

Bild 3.2
Raumbewegung

Für das Bogendifferential wird mithin

$$dr = v(t)\,dt. \tag{3.1.9}$$

Analog definiert man die zum Zeitpunkt t vorhandene Momentanbeschleunigung

$$a(t) = \lim_{\Delta t \to 0} \frac{v(t + \Delta t) - v(t)}{\Delta t} = \frac{dv(t)}{dt}. \tag{3.1.10}$$

Die Momentangeschwindigkeit und -beschleunigung ergeben sich also als erste bzw. zweite Ableitung der Ortskoordinaten nach der Zeit.
Die Bewegung eines Massenpunktes auf gekrümmter Bahn, läßt sich für ein infinitesimales Bogenelement, das eine Drehung um den imaginären Bahnmittelpunkt M mit dem Krümmungsradius ρ auffassen. Dieser ergibt sich, unter Betrachtung von Bild 3.3, aus der Gleichung

$$\kappa = \frac{1}{\rho} = |\sqrt{r''(t)\; r''(t)}\,|. \tag{3.1.11}$$

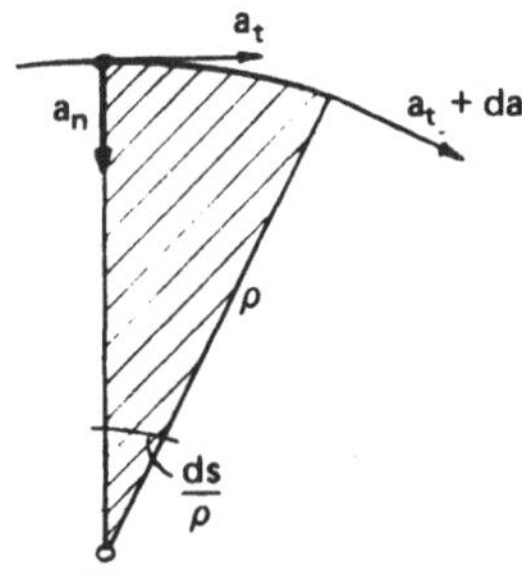

Bild 3.3
Bahnkrümmung

Die bei der Bewegung aufgespannte Kreissektorfläche liegt in der sogenannten Schmiegungsebene. Während der Geschwindigkeitsvektor tangential zur Bahnkurve verläuft, besitzt der Beschleunigungsvektor eine Tangential- (a_t) und Normalkomponente (a_n). Das Antragen der zu den Ortsvektoren r (t) einer Bahnkurve gehörenden Geschwindigkeitsvektoren v (t) bezüglich eines beliebigen Geschwindigkeitspoles (0), siehe Bild 3.4, liefert die in Bild 3.5 wiedergegebene Konstruktion. Die so entstehende Raumkurve wird als polarer Hodograph bezeichnet. Danach zerfällt die Geschwindigkeit ebenfalls in einen Normal- und Tangentialanteil

$$\Delta v = \Delta v_n + \Delta v_t. \tag{3.1.12}$$

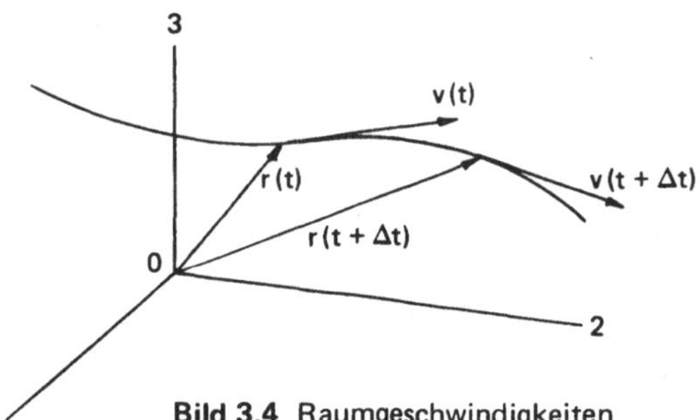

Bild 3.4 Raumgeschwindigkeiten

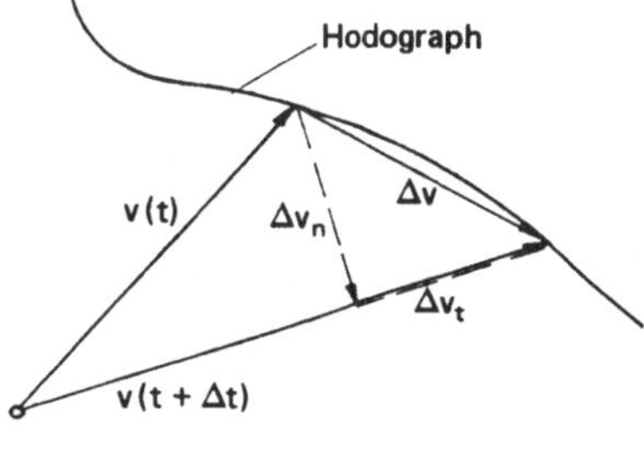

Bild 3.5 Polarer Hodograph

Ihre infinitesimale Betrachtung liefert dann durch Differentiation nach der Zeit die vorangegangene Behauptung

$$a = a_n + a_t. \qquad (3.1.13)$$

Ihre Größen ergeben sich aus

$$a_n = \frac{v^2}{\rho} = \frac{\dot{s}^2}{\rho} \qquad (3.1.14)$$

und

$$a_t = \dot{v} = \ddot{s}. \qquad (3.1.15)$$

3.2.1 Bewegungsdiagramme

Die Bewegungen eines Massenpunktes werden in der Regel durch Zeit-Weg-, bzw. Zeit-Geschwindigkeits- oder Zeit-Beschleunigungsdiagramme dargestellt. Auch eine Kombination der Bewegungsgrößen ist üblich.

Da in den weitaus meisten Fällen die Raumkurve durch einparametrige Gleichungen der Form

$$f_i = f_i(u), \qquad i = 1, 2, 3 \qquad (3.1.16)$$

oder durch Meßwerte gegeben ist, womit sich auch eine Interpolations- oder Approximationsgleichung aufstellen läßt, soll dies die Ausgangsbasis für ein Programm sein.

Der Ortsvektor eines Bahnpunktes ergibt sich in seiner Komponentendarstellung aus

$$r = \sum_{i=1}^{3} e_i f_i \qquad (3.1.17)$$

wie Bild 3.6 es wiedergibt. Die Momentangeschwindigkeit in diesem Punkt bestimmt sich angenähert durch die Ortsveränderung des Massenpunktes in der Zeitdifferenz Δt.

$$v(u) = \frac{dr}{du} \approx \frac{\Delta r}{\Delta u} = \sum_{i=1}^{3} e_i \frac{\Delta f_i}{\Delta u}. \qquad (3.1.18)$$

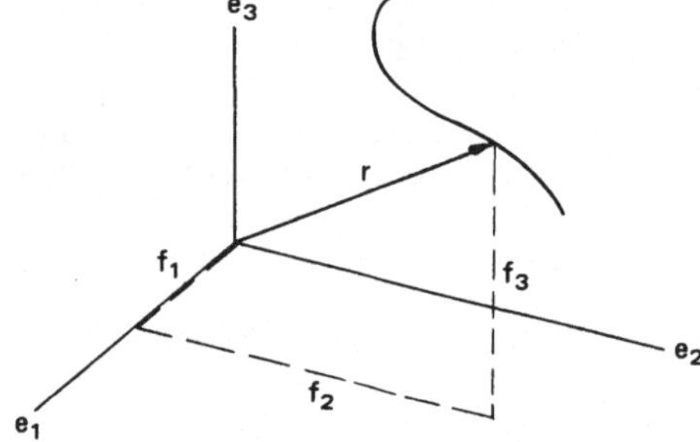

Bild 3.6
Räumliche Bahn

Mit der Größe von Δt läßt sich die exakte Lösung beliebig genau approximieren. Eine zweite Annäherung des Differentialquotienten durch den Differenzenquotienten liefert die Momentanbeschleunigung

$$a(u) = \frac{dv(u)}{du} \approx \frac{\Delta v(u)}{\Delta u} = \sum_{i=1}^{3} e_i \frac{\Delta v_i}{\Delta u}. \qquad (3.1.19)$$

Die Beträge von Wegzunahme, Geschwindigkeitsänderung und Beschleunigung ergeben sich nach dem pythagoräischen Ansatz über die Komponenten k_i

$$|\ldots| = \sqrt{\sum_{i=1}^{3} k_i^2}. \tag{3.1.20}$$

Außer der Bestimmung der Raumkurve mit der Zeit als Parameter durch die Funktionen

$$f_i = f_i(t), \qquad i = 1, 2, 3, \tag{3.1.21}$$

gibt es noch die Bestimmung durch einen geometrischen Parameter, z. B. des Winkels φ. Dessen zeitliche Veränderung wird dann durch die Gleichung

$$\varphi = \varphi(t) \tag{3.1.22}$$

bestimmt. Die Ableitungen eines Ortsvektors nach der Zeit ergeben sich in diesem Fall nach den Regeln der Differentiation angenähert aus

$$v(t) = \frac{\Delta r}{\Delta\varphi} \frac{\Delta\varphi}{\Delta t} \tag{3.1.23}$$

und

$$a(t) = \frac{\Delta v}{\Delta\varphi} \frac{\Delta\varphi}{\Delta t}. \tag{3.1.24}$$

Wir erhalten damit einen in Bild 3.7 dargestellten Berechnungsrumpf, in dem die Unterprogramme A', ..., D' die funktionalen Verhältnisse des jeweiligen Problems wiederspiegeln. Auf diese Weise lassen sich z. B. Schubkurbel-, Kolben- oder Nockenbewegungen analysieren.

Tabelle 3.1

Speicherplatzbelegung

07 Σ	08 Σ	09 u_i
10 f_{3j-1}	11 f_{2j-1}	12 f_{1j-1}
13 f_{3j}	14 f_{2j}	15 f_{1j}
16 v_{3j-1}	17 v_{2j-1}	18 v_{1j-1}
19 v_{3j}	20 v_{2j}	21 v_{1j}
22 a_{3j}	23 a_{2j}	24 a_{1j}
25 Δt	26 t_j	27 s_j
28 v_j	29 a_j	

In diesem Programm wurde bewußt aus Platzgründen auf eine Berechnung des Krümmungsradius und auf den Normal- und Tangentialanteil der Beschleunigung verzichtet. Wird die Berechnung gewünscht, so läßt sich dies mit den zuvor erläuterten Formeln leicht programmieren. Auch läßt sich das Programm durch indirekte Programmierung auf weit weniger Programmschritte (für TI 58) bringen.

Dieses Programm soll das einzige in diesem Kapitel bleiben, da sich die praktische Nutzanwendung erst im nächsten Kapitel ergibt.

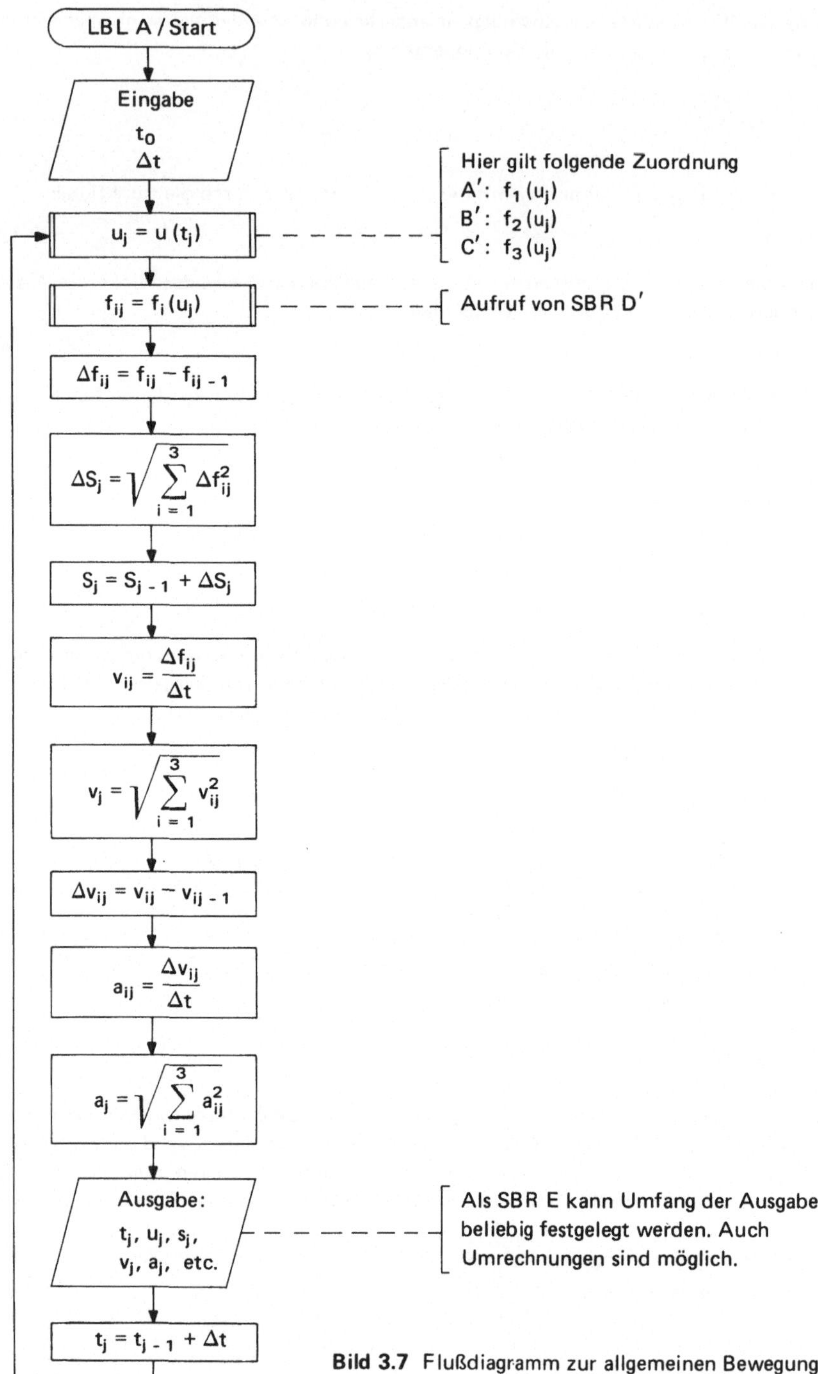

Bild 3.7 Flußdiagramm zur allgemeinen Bewegung

Tabelle 3.2

Programm allgemeine Bewegung

Start + Eingabe

```
000  76 LBL
001  11  A
002  47 CMS
003  91 R/S
004  99 PRT
005  42 STO
006  26  26
007  91 R/S
008  99 PRT
009  42 STO
010  25  25
011  98 ADV
012  61 GTO
013  12  B
```

Ausgabe + Zeitzähler

```
014  76 LBL
015  43 RCL
016  15  E
017  00  0
018  42 STO
019  08  08
020  42 STO
021  07  07
022  43 RCL
023  25  25
024  44 SUM
025  26  26
```

Start-Berechnung

```
026  76 LBL
027  12  B
```

u_i:

```
028  43 RCL
029  26  26
030  19 D'
031  42 STO
032  09  09
```

$f_{ij}/\Delta f_{ij}$:

```
033  16 A'
034  42 STO
035  15  15
036  75  -
037  43 RCL
038  12  12
039  95  =
040  42 STO
041  21  21
042  33 X²
043  44 SUM
044  08  08
045  43 RCL
046  09  09
047  17 B'
048  42 STO
049  14  14
050  75  -
051  43 RCL
052  11  11
053  95  =
054  42 STO
055  20  20
056  33 X²
057  44 SUM
058  08  08
059  43 RCL
060  09  09
061  18 C'
062  42 STO
063  13  13
064  75  -
065  43 RCL
066  10  10
067  95  =
068  42 STO
069  19  19
070  33 X²
071  44 SUM
072  08  08
```

$\Delta s_j/s_j$:

```
073  43 RCL
074  08  08
075  34 ΓX
076  44 SUM
077  27  27
```

v_{ij}:

```
078  43 RCL
079  25  25
080  35 1/X
081  49 PRD
082  21  21
083  49 PRD
084  20  20
085  49 PRD
086  19  19
```

v_j:

```
087  43 RCL
088  21  21
089  33 X²
090  85  +
091  43 RCL
092  20  20
093  33 X²
094  85  +
095  43 RCL
096  19  19
097  33 X²
098  95  =
099  34 ΓX
100  42 STO
101  28  28
```

a_{ij}:

```
102  43 RCL
103  21  21
104  75  -
105  43 RCL
106  18  18
107  95  =
108  42 STO
109  24  24
110  43 RCL
111  20  20
112  75  -
113  43 RCL
114  17  17
115  95  =
116  42 STO
117  23  23
118  43 RCL
119  19  19
120  75  -
121  43 RCL
122  16  16
123  95  =
124  42 STO
125  22  22
126  43 RCL
127  25  25
128  35 1/X
129  49 PRD
130  24  24
131  49 PRD
132  23  23
133  49 PRD
134  22  22
```

a_j:

```
135  43 RCL
136  24  24
137  33 X²
138  85  +
139  43 RCL
140  23  23
141  33 X²
142  85  +
143  43 RCL
144  22  22
145  33 X²
146  95  =
147  34 ΓX
148  42 STO
149  29  29
```

Alt/neu Verschiebung

```
150  43 RCL
151  15  15
152  42 STO
153  12  12
154  43 RCL
155  14  14
156  42 STO
157  11  11
158  43 RCL
159  13  13
160  42 STO
161  10  10
162  43 RCL
163  21  21
164  42 STO
165  18  18
166  43 RCL
167  20  20
168  42 STO
169  17  17
170  43 RCL
171  19  19
172  42 STO
173  16  16
```

Durchlaufabfrage für Korrektur

```
174  01  1
175  44 SUM
176  05  05
177  43 RCL
178  05  05
179  32 X:T
180  01  1
181  67  EQ
182  85  +
183  02  2
184  67  EQ
185  75  -
186  61 GTO
187  43 RCL
```

Korrektur zu den beiden ersten Durchläufen

```
188  76 LBL
189  85  +
190  00  0
191  42 STO
192  27  27
193  42 STO
194  28  28
195  76 LBL
196  75  -
197  00  0
198  42 STO
199  29  29
200  61 GTO
201  43 RCL
```

3.2.2 Anwendungsbeispiele

– 1 –

Ein Massenpunkt bewegt sich auf einer Schraubenlinie mit

$$x = 2\cos\varphi$$
$$y = 2\sin\varphi$$
$$z = 2\widehat{\varphi}$$

Und zwar mit der Winkelgeschwindigkeit

$$\varphi(t) = 2t + \varphi_0$$

mit φ in grd und t in Sekunden. Zur Anfangszeit $t_0 = 0$ befindet sich der Massenpunkt an der Stelle $\varphi_0 = 45°$.

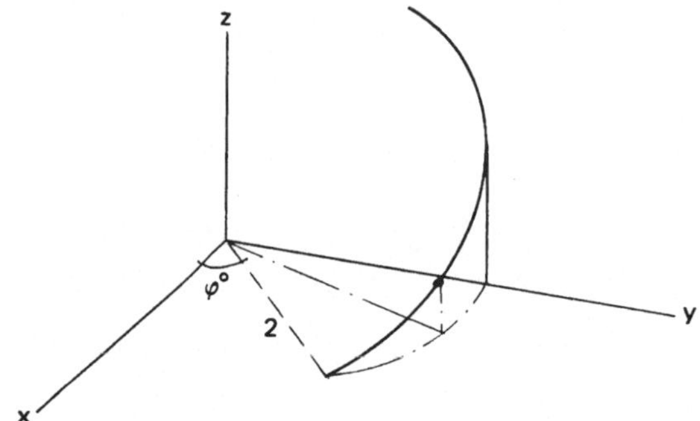

Bild 3.8
Schraubenlinie

Bild 3.8 zeigt den Verlauf der Bewegung. Die Unterprogramme für dieses Problem zeigt Tabelle 3.3.

Tabelle 3.3
Unterprogramme zu – 1 –

$f_1(\varphi)$:

```
268  76 LBL
269  16 A'
270  53  (
271  24 CE
272  39 COS
273  65  ×
274  02  2
275  54  )
276  92 RTN
```

$f_2(\varphi)$:

```
277  76 LBL
278  17 B'
279  53  (
280  24 CE
281  38 SIN
282  65  ×
283  02  2
284  54  )
285  92 RTN
```

$f_3(\varphi)$:

```
286  76 LBL
287  18 C'
288  53  (
289  24 CE
290  65  ×
291  89  π
292  55  ÷
293  09  9
294  00  0
295  54  )
296  92 RTN
```

$\varphi(t)$:

```
297  76 LBL
298  19 D'
299  53  (
300  24 CE
301  65  ×
302  02  2
303  85  +
304  04  4
305  05  5
306  54  )
307  92 RTN
```

Ausgabe:

```
240  76 LBL
241  15  E
242  43 RCL
243  26  26
244  99 PRT
245  43 RCL
246  15  15
247  99 PRT
248  43 RCL
249  14  14
250  99 PRT
251  43 RCL
252  13  13
253  99 PRT
254  43 RCL
255  09  09
256  99 PRT
257  43 RCL
258  27  27
259  99 PRT
260  43 RCL
261  28  28
262  99 PRT
263  43 RCL
264  29  29
265  99 PRT
266  98 ADV
267  92 RTN
```

Das Programm lieferte damit folgende Werte:

```
Eingabe:     0.  - t_0                     2.               5.                8.
             1.  - Δt              1.312118058      1.147152873      .9696192405
                                    1.50941916      1.638304089      1.749239414
Ausgabe:                           1.710422667      1.919862177      2.129301687
             0.  - t_j                     49.              55.              61.
   1.414213562   - x_j = f_1j      .1974564515      .4936411289      .7898258062
   1.414213562   - y_j = f_2j      .0987282258      .0987282258      .0987282258
   1.570796327   - z_j = f_3j      .0024366919      .0024366919      .0024366919
           45.   - φ_j
             0.  - s_j                      3.               6.               9.
             0.  - v_j             1.258640782       1.08927807      .9079809995
             0.  - a_j             1.554291923      1.677341136      1.782013048
                                   1.780235837      1.989675347      2.199114858
             1.                            51.              57.              63.
    1.36399672                     .2961846773      .5923693546      .8885540319
   1.462707403                     .0987282258      .0987282258      .0987282258
   1.640609497                     .0024366919      .0024366919      .0024366919
           47.
   .0987282258                              4.               7.              10.
   .0987282258                     1.203630046       1.03007615      .8452365235
             0.                     1.59727102      1.714334601      1.812615574
                                   1.850049007      2.059488517      2.268928028
                                           53.              59.              65.
                                   .3949129031      .6910975804      .9872822577
                                   .0987282258      .0987282258      .0987282258
                                   .0024366919      .0024366919      .0024366919
```

Da die Bewegungsverhältnisse leicht überschaubar sind, soll uns deren graphische Darstellung auch nicht weiter interessieren.

– 2 –

Über die Bewegung eines Massenpunktes sind folgende Werte gemessen worden: (in m)

t	x	y	z
0.0	0.0	0.0	0.0
0.1	0.125	0.062	0.020
0.2	0.215	0.180	0.111
0.3	0.430	0.192	0.204
0.4	0.522	0.201	0.312
0.5	0.533	0.240	0.421
0.6	0.514	0.251	0.532
0.7	0.481	0.273	0.640
0.8	0.372	0.292	0.753
0.9	0.370	0.304	0.802
1.0	0.368	0.321	0.882

Zu diesem Problem sehen unsere Unterprogramme wie folgt aus:

Tabelle 3.4
Unterprogramme zu – 2 –

$f_1(u)$:

```
268   76 LBL
269   16 A'
270   01  1
271   95  =
272   91 R/S
273   99 PRT
274   92 RTN
```

$f_2(u)$:

```
275   76 LBL
276   17 B'
277   02  2
278   95  =
279   91 R/S
280   99 PRT
281   92 RTN
```

$f_3(u)$:

```
282   76 LBL
283   18 C'
284   03  3
285   95  =
286   91 R/S
287   99 PRT
288   98 ADV
289   92 RTN
```

u = t:

```
290   76 LBL
291   19 D'
292   92 RTN
```

Ausgabe:

```
240   76 LBL      254   43 RCL
241   15  E       255   09  09
242   43 RCL      256   99 PRT
243   26  26      257   43 RCL
244   99 PRT      258   27  27
245   43 RCL      259   99 PRT
246   15  15      260   43 RCL
247   99 PRT      261   28  28
248   43 RCL      262   99 PRT
249   14  14      263   43 RCL
250   99 PRT      264   29  29
251   43 RCL      265   99 PRT
252   13  13      266   98 ADV
253   99 PRT      267   92 RTN
```

Tritt, wie in diesem Fall, die Zeit in den Funktionen als Parameter auf, ist SBR D' ein ‚blindes' Unterprogramm. Es muß aber auf jeden Fall existieren. Die Daten werden in dem jeweiligen Unterprogramm aufgerufen (A', B' und C'). Die Werte ergaben:

Grundeingaben:
0. – t_0
0. 1 – Δt

Dateneingabe im Unterprogramm:
0. – x_j
0. – y_j
0. – z_j

Ausgabe:
0. – t_j
0. – x_j
0. – y_j
0. – z_j
0. – $u_j = t_j$
0. – s_j
0. – v_j
0. – a_j

0. 125	0. 43	0. 533	0. 481	0. 37
0. 062	0. 192	0. 24	0. 273	0. 304
0. 02	0. 204	0. 421	0. 64	0. 802

0. 1	0. 3	0. 5	0. 7	0. 9
0. 125	0. 43	0. 533	0. 481	0. 37
0. 062	0. 192	0. 24	0. 273	0. 304
0. 02	0. 204	0. 421	0. 64	0. 802
0. 1	0. 3	0. 5	0. 7	0. 9
. 1409574404	. 5495999148	. 8080467117	1. 036249216	1. 244885503
1. 409574404	2. 34559161	1. 162884345	1. 150521621	. 5048762225
0.	16. 39054606	8. 638286867	1. 805547009	12. 48759384

0. 215	0. 522	0. 514	0. 372	0. 368
0. 18	0. 201	0. 251	0. 292	0. 321
0. 111	0. 312	0. 532	0. 753	0. 882

0. 2	0. 4	0. 6	0. 8	1.
0. 215	0. 522	0. 514	0. 372	0. 368
0. 18	0. 201	0. 251	0. 292	0. 321
0. 111	0. 312	0. 532	0. 753	0. 882
0. 2	0. 4	0. 6	0. 8	1.
. 3150407538	. 6917582772	. 9211970541	1. 19439788	1. 32669626
1. 740833134	1. 421583624	1. 131503425	1. 581486642	. 8181075724
9. 696391081	12. 39475696	4. 108527717	7. 6223356	3. 140063694

Die graphische Auswertung ergab das in Bild 3.9 dargestellte s-t-Diagramm, das in Bild 3.10 dargestellte v-t-Diagramm und das in Bild 3.11 dargestellte a-t-Diagramm.

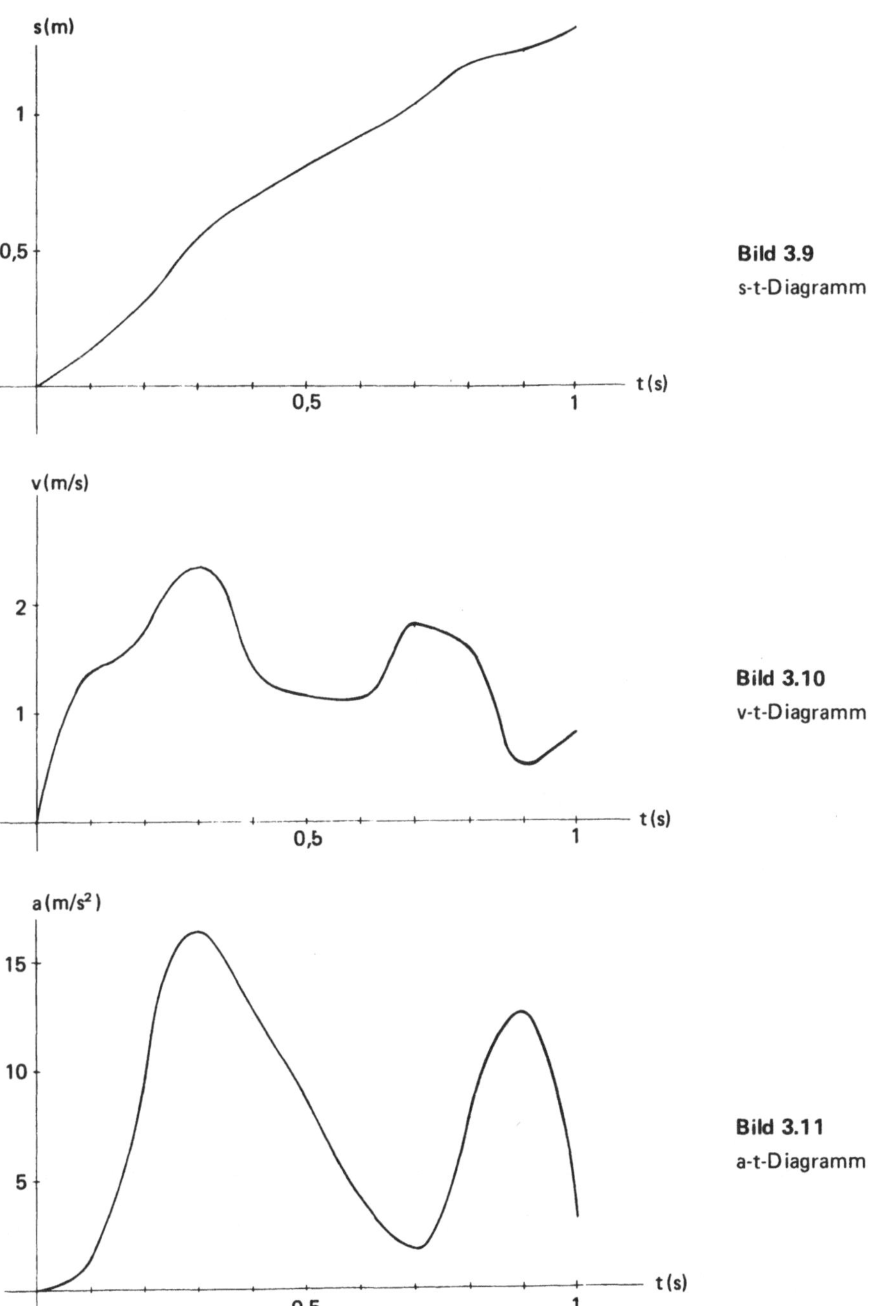

Bild 3.9
s-t-Diagramm

Bild 3.10
v-t-Diagramm

Bild 3.11
a-t-Diagramm

4 Kinetik

Die Kinetik befaßt sich, wie bereits einleitend erwähnt, mit den Bewegungsänderungen, die ein System unter Einwirkung von Kräften erfährt. Dies wird zunächst am Massenpunkt und dann am starren Körper betrachtet.

4.1 Kinetik des Massenpunktes

Unter einem Massenpunkt versteht man einen mathematischen Punkt, in dem man sich idealisiert die Masse eines Körpers vereinigt denkt. Er besitzt mithin eine endliche Masse aber kein Volumen. Dies läßt sich bei den Ansätzen jedoch nicht immer ganz verwirklichen.

4.1.1 Freie Bewegungen eines Massenpunktes im widerstehenden Mittel

Die Bewegungskurve eines freien Massenpunktes unter Schwerkrafteinfluß ist als schiefer Wurf bekannt. Betrachtet man einen schiefen Wurf im lufterfüllten Raum, wirkt der Bewegung des Massenpunktes, zu jedem Zeitpunkt seiner Bahn, eine Widerstandskraft entgegen. Nimmt man in erster Näherung an, daß die Widerstandskraft dem Quadrat der Geschwindigkeit direkt proportional ist, gehen Ansichtsfläche A und Luftdichte (Mediumdichte) δ in die Gleichung mit ein, so erhält man

$$F_w = \frac{1}{2} c_w \, \delta \, v^2 A. \tag{4.1.1}$$

Der Proportionalitätsfaktor, die Konstante c_w wird als Widerstandsbeiwert bezeichnet. Er richtet sich nach der Form des Massenpunktes und wird experimentell bestimmt. So ganz von Dimensionslosigkeit des Massenpunktes können wir hier also nicht sprechen. Einige der häufigsten Widerstandsbeiwerte gibt Tabelle 4.1 wieder.

Tabelle 4.1 Widerstandsbeiwerte

Form	c_w	Form	c_w
	1.1		0.2–0.4
	1.3–1.6		0.055
	0.35		ca. 0.5

Zu jedem Zeitpunkt seiner Bahn, ist der Massenpunkt damit den in Bild 4.1 dargestellten Kräften ausgesetzt. Da der Luftwiderstand stets der Bewegung entgegengesetzt gerichtet ist, ergibt sich für die einzelnen Komponenten

$$F_{wx} = -\frac{1}{2} c_w \, \delta \, A \, v^2 \cos\alpha \tag{4.1.2}$$

$$= -\frac{1}{2} c_w \, \delta \, A \, v_x \, v \tag{4.1.3}$$

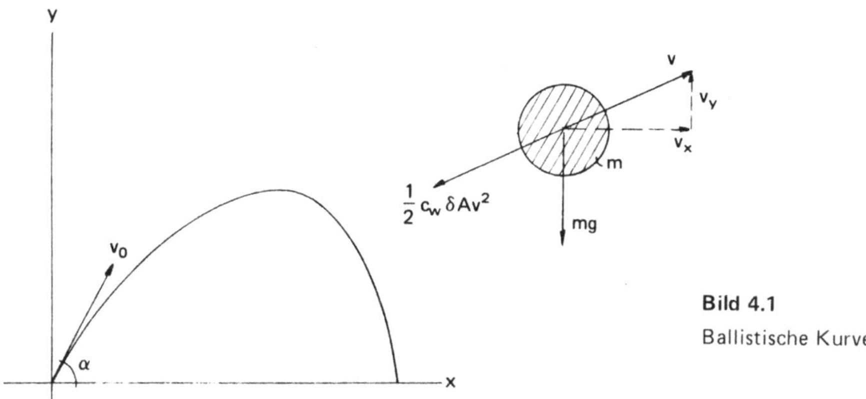

Bild 4.1
Ballistische Kurve

$$F_{wx} = -\frac{1}{2} c_w \, \delta \, A \, v_x \sqrt{v_x^2 + v_y^2} \tag{4.1.4}$$

und

$$F_{wy} = -\frac{1}{2} c_w \, \delta \, A \, v_y \sqrt{v_x^2 + v_y^2}. \tag{4.1.5}$$

Für den Bewegungsansatz wird damit

$$m \, a_x = -\frac{1}{2} c_w \, \delta \, A \, v_x \sqrt{v_x^2 + v_y^2} \tag{4.1.6}$$

$$m \frac{dv_x}{dt} = -\frac{1}{2} c_w \, \delta \, A \, v_x \sqrt{v_x^2 + v_y^2} \tag{4.1.7}$$

$$dv_x = -\frac{c_w \, \delta \, A}{2m} v_x \sqrt{v_x^2 + v_y^2} \; dt \tag{4.1.8}$$

und ebenfalls

$$m \, a_y = -\frac{1}{2} c_w \, \delta \, A \, v_y \sqrt{v_x^2 + v_y^2} - m \, g \tag{4.1.9}$$

$$dv_y = -\left(\frac{c_w \, \delta \, A}{2m} v_y \sqrt{v_x^2 + v_y^2} + g \right) dt. \tag{4.1.10}$$

Wir erhalten zwei gekoppelte Differentialgleichungen, (4.1.6) und (4.1.9), deren analytische Lösungen nur schwer zu integrieren sind.
Nach der Euler-Cauchy-Methode gilt näherungsweise für die allgemeine Differentialgleichung

$$\dot{v} = \frac{dv}{dt} = f(v, t) \tag{4.1.11}$$

die numerische Darstellung

$$\frac{\Delta v}{\Delta t} = f(v, t). \tag{4.1.12}$$

In unserem Fall

$$\Delta v_x = -\left(\frac{c_w\,\delta\,A}{2m}\,v_x\,\sqrt{v_x^2+v_y^2}\right)\Delta t \qquad (4.1.13)$$

und

$$\Delta v_y = -\left(\frac{c_w\,\delta\,A}{2m}\,v_y\,\sqrt{v_x^2+v_y^2}+g\right)\Delta t. \qquad (4.1.14)$$

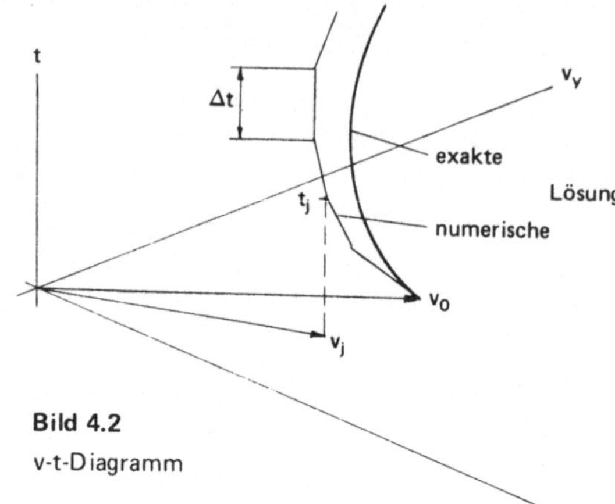

Bild 4.2
v-t-Diagramm

Unter Betrachtung der funktionalen Verhältnisse nach Bild 4.2 folgt, daß wir uns mit fortschreitender Berechnung immer mehr von der exakten Berechnung in zwei Richtungen entfernen.
Die Gleichungen (4.1.13) und (4.1.14) sind die Grundgleichungen des in Bild 4.3 folgenden Berechnungsprozesses. Es folgen die Tabellen 4.2 und 4.3 mit Speicherbelegung und Rechnerprogramm.

Um nicht noch einen Wert im Programm eingeben zu müssen, wird das Programm einfach durch R/S abgebrochen, wenn die benötigten Daten errechnet sind.
Außer in der Hinsicht, daß Luftströmungen, Erdrotation und Luftdichteschwankungen unberücksichtigt bleiben, ist unser Berechnungsprozeß unter Auslassung eines weiteren Parameters idealisiert. Der Auftriebskraft durch das, den Massenpunkt umgebende, Medium. Solange sich die Bewegung in Luft vollzieht, ist die Auftriebskraft vernachlässigbar klein. Im Wasser z.B., muß sie jedoch Beachtung finden. Da sie der Gewichtskraft der vom Massenpunkt verdrängten Mediummenge entspricht und stets der Gewichtskraft des Massenpunktes entgegen wirkt, ergibt sich unter Betrachtung von Bild 4.4 nur eine Beeinflussung der vertikalen Komponente

$$m\,a_y = -\frac{1}{2}\,c_w\,\delta_m\,A\,v_y\,\sqrt{v_x^2+v_y^2} - m\,g - F_a. \qquad (4.1.15)$$

Die darin enthaltene Auftriebskraft F_a ist

$$F_a = V_k\,\delta_m\,g. \qquad (4.1.16)$$

Der Index k steht für Körper, m für Medium. Das Körpervolumen des Massenpunktes ergibt sich aus

$$V_k = \frac{m_k}{\delta_k}. \qquad (4.1.17)$$

Tabelle 4.2 Speicherplatzbelegung

00 $\delta A c_w/2m$	04 c_w	08 v_{xi}	12 t_i	16 $\Delta t_{vorh.}$
01 m	05 Δt	09 v_{yi}	13 Δv_{xi}	17 g
02 A	06 v_i	10 x_i	14 Δv_{yi}	18 $\sqrt{v_{xi}^2+v_{yi}^2}$
03 δ	07 α_i	11 y_i	15 Δt_{prt}	19

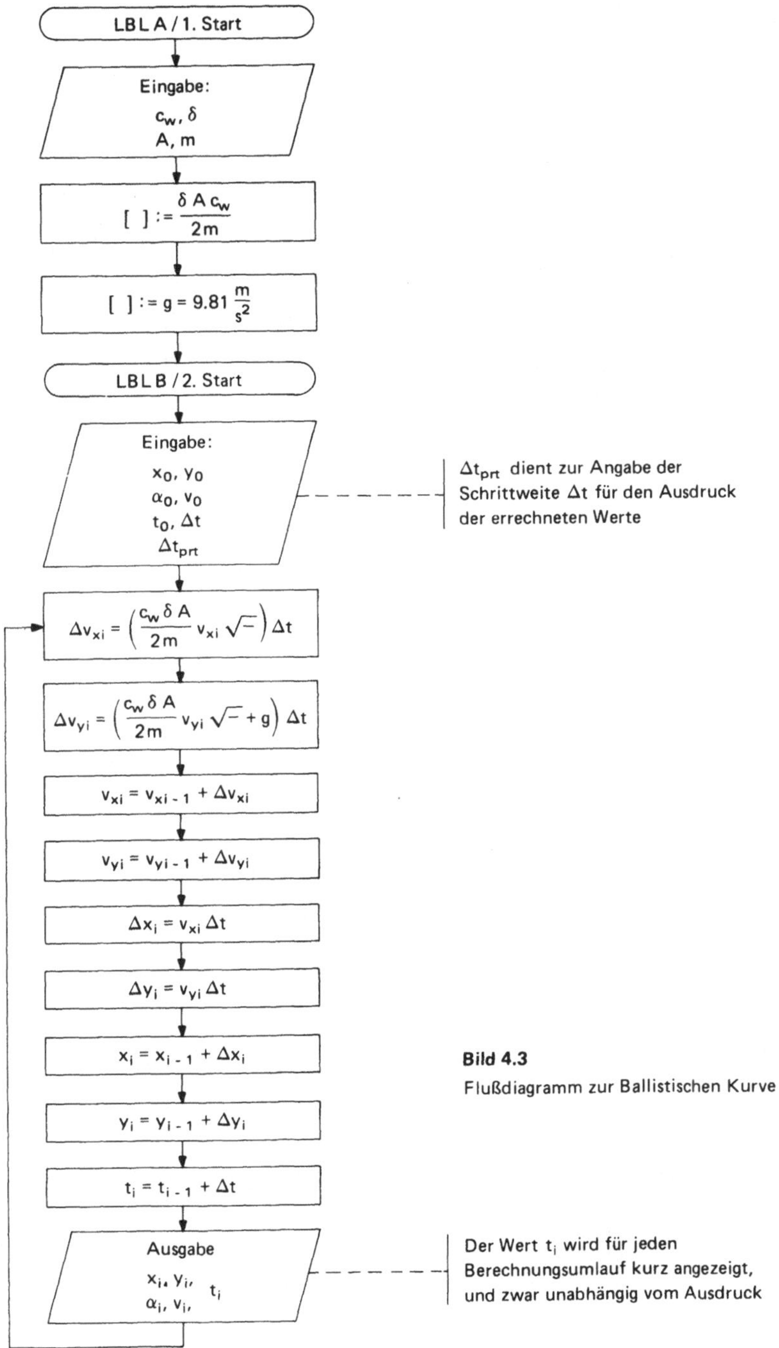

Δt_{prt} dient zur Angabe der Schrittweite Δt für den Ausdruck der errechneten Werte

Der Wert t_i wird für jeden Berechnungsumlauf kurz angezeigt, und zwar unabhängig vom Ausdruck

Bild 4.3

Flußdiagramm zur Ballistischen Kurve

Tabelle 4.3

Programm Ballistische Kurve

1. Start

```
000  76  LBL
001  11   A
002  47  CMS
003  04   4
004  42  STO
005  00   00
006  91  R/S
007  99  PRT
008  72  ST*
009  00   00
010  97  DSZ
011  00   00
012  00   00
013  06   06
014  98  ADV
015  43  RCL
016  04   04
017  65   ×
018  43  RCL
019  03   03
020  65   ×
021  43  RCL
022  02   02
023  55   ÷
024  02   2
025  55   ÷
026  43  RCL
027  01   01
028  95   =
029  42  STO
030  00   00
031  09   9
032  93   .
033  08   8
034  01   1
035  42  STO
036  17   17
```

2. Start

```
037  76  LBL
038  12   B
039  91  R/S
040  99  PRT
041  42  STO
042  05   05
043  91  R/S
044  99  PRT
045  42  STO
046  06   06
047  32  X:T
048  91  R/S
049  99  PRT
050  42  STO
051  07   07
052  37  P/R
053  42  STO
054  09   09
055  32  X:T
056  42  STO
057  08   08
058  91  R/S
059  99  PRT
060  42  STO
061  10   10
062  91  R/S
063  99  PRT
064  42  STO
065  11   11
066  91  R/S
067  99  PRT
068  42  STO
069  12   12
070  91  R/S
071  99  PRT
072  42  STO
073  15   15
```

Berechnung:
$\sqrt{v_{xi}^2 + v_{yi}^2}$

```
074  76  LBL
075  43  RCL
076  43  RCL
077  08   08
078  33  X²
079  85   +
080  43  RCL
081  09   09
082  33  X²
083  95   =
084  34  √X
085  42  STO
086  18   18
```

Δv_{xi}, v_{xi}

```
087  43  RCL
088  00   00
089  65   ×
090  43  RCL
091  08   08
092  65   ×
093  43  RCL
094  18   18
095  65   ×
096  43  RCL
097  05   05
098  94  +/-
099  95   =
100  42  STO
101  13   13
102  44  SUM
103  08   08
```

Δv_{yi}, v_{yi}

```
104  43  RCL
105  00   00
106  65   ×
107  43  RCL
108  09   09
109  65   ×
110  43  RCL
111  18   18
112  85   +
113  43  RCL
114  17   17
115  95   =
116  65   ×
117  43  RCL
118  05   05
119  94  +/-
120  95   =
121  42  STO
122  14   14
123  44  SUM
124  09   09
```

α_i, v_i

```
125  43  RCL
126  08   08
127  32  X:T
128  43  RCL
129  09   09
130  22  INV
131  37  P/R
132  42  STO
133  07   07
134  32  X:T
135  42  STO
136  06   06
```

Δx_i, x_i

```
137  43  RCL
138  08   08
139  65   ×
140  43  RCL
141  05   05
142  95   =
143  44  SUM
144  10   10
```

Δy_i, y_i

```
145  43  RCL
146  09   09
147  65   ×
148  43  RCL
149  05   05
150  95   =
151  44  SUM
152  11   11
```

t_i

```
153  43  RCL
154  05   05
155  44  SUM
156  12   12
157  44  SUM
158  16   16
```

Abfrage auf Ausdruck

```
159  43  RCL
160  15   15
161  32  X:T
162  43  RCL
163  16   16
164  66  PAU
165  22  INV
166  77   GE
167  43  RCL
```

Ausdruck

```
168  98  ADV
169  43  RCL
170  10   10
171  99  PRT
172  43  RCL
173  11   11
174  99  PRT
175  43  RCL
176  07   07
177  99  PRT
178  43  RCL
179  06   06
180  99  PRT
181  43  RCL
182  12   12
183  99  PRT
184  00   0
185  42  STO
186  16   16
187  61  GTO
188  43  RCL
```

Damit ergibt sich in (4.1.15) eingesetzt

$$m\,a_y = -\frac{1}{2} c_w\,\delta_m\,A\,v_y \sqrt{v_x^2 + v_y^2} + m\,g - m\,\frac{\delta_m}{\delta_k}\,g \qquad (4.1.18)$$

$$= -\frac{1}{2} c_w\,\delta_m\,A\,v_y \sqrt{v_x^2 + v_y^2} + m\,g \left(1 - \frac{\delta_m}{\delta_k}\right). \qquad (4.1.19)$$

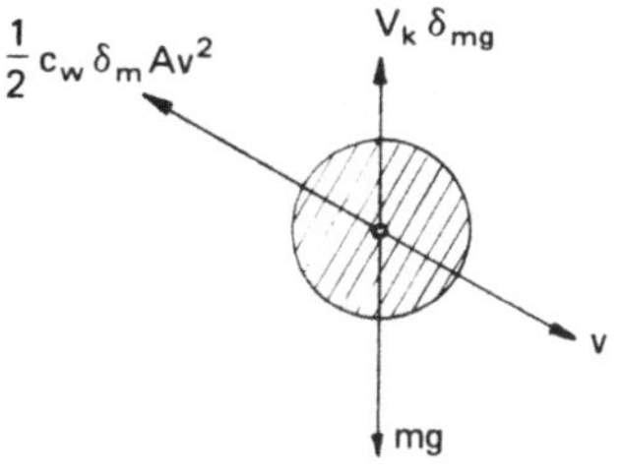

Bild 4.4 Sinkender Massenpunkt

Unter Definition einer reduzierten Erdbeschleunigung

$$g' = g \left(1 - \frac{\delta_m}{\delta_k}\right) \qquad (4.1.20)$$

erhalten wir

$$m\,a_y = -\frac{1}{2} c_w\,\delta_m\,A\,v_y \sqrt{v_x^2 + v_y^2} - m\,g' \qquad (4.1.21)$$

wiederum die alte Gleichung (4.1.9). Damit kann das zuvor aufgestellte Programm auch für diese Fälle Anwendung finden.

Nach Eingabe der Grundwerte c_w, δ, A und m durch Programmteil A, erscheint in der Anzeige 9.81 und weist damit darauf hin, das die Erdbeschleunigung im Speicher 17 abgelegt wurde. Sie kann nun mit

g' STO 1 7

korrigiert werden. Sie können sich auch noch ein zusätzliches Hilfsprogramm schreiben, das g' bestimmt und in Speicher 17 ablegt.

4.1.2 Das mathematische Pendel als erzwungene Bewegung

Unter einem mathematischen Pendel versteht man die idealisierte Aufhängung eines Massenpunktes an einem gewichtslosen und unelastischen Faden (Fadenpendel). Durch Auslenkung aus seiner stabilen Gleichgewichtslage vollführt das Pendel unter Vernachlässigung von Luftwiderstand, etc. eine schwingende Bewegung um diese Ruhelage. Nach den Ausführungen unter 3.2 der Kinematik hatten wir für die Bewegung eines Massenpunktes auf gekrümmter Bahn eine Tangential- und Normalbeschleunigung gefunden. In unserem Fall ergeben sie sich aus dem Ansatz

$$m\,a_t = -m\,g \sin\varphi \qquad (4.1.22)$$

und

$$m\,a_n = S - m\,g \cos\varphi. \qquad (4.1.23)$$

Für eine Kreisbewegung ergibt sich die Tangential- und Normalbeschleunigung aus

$$a_t = l\,\dot{\omega} \qquad (4.1.24)$$

und

$$a_n = l\,\dot{\varphi}^2. \qquad (4.1.25)$$

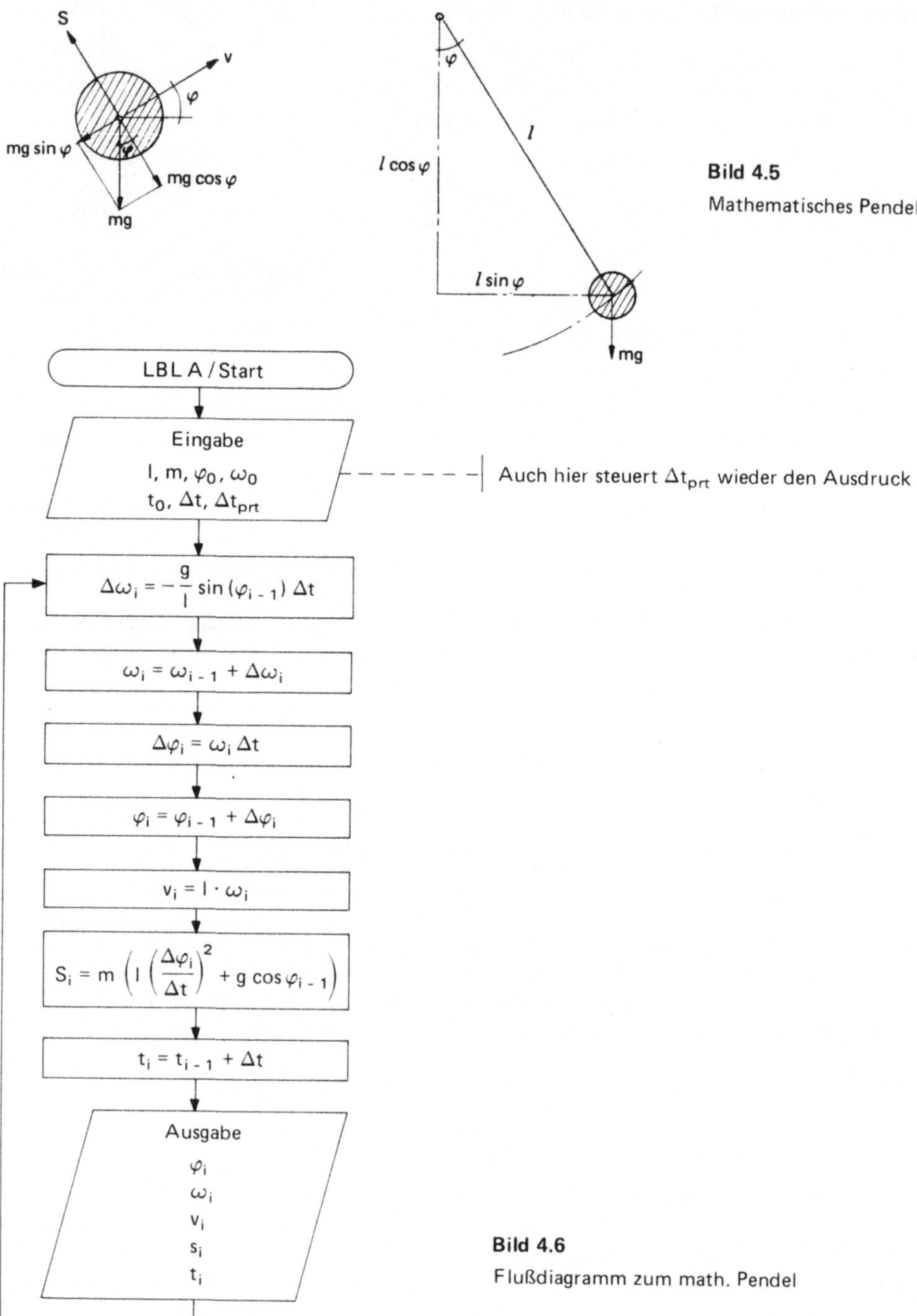

Bild 4.5
Mathematisches Pendel

Bild 4.6
Flußdiagramm zum math. Pendel

Mithin erhalten wir eingesetzt

$$m\,l\,\dot{\omega} = -m\,g\,\sin\varphi \tag{4.1.26}$$

$$= -\frac{g}{l}\sin\varphi \tag{4.1.27}$$

$$\frac{d\omega}{dt} = -\frac{g}{l}\sin\varphi \tag{4.1.28}$$

und

$$m\,l\,\dot{\varphi}^2 = S - m\,g\,\cos\varphi \tag{4.1.29}$$

$$S = m\,(l\,\dot{\varphi}^2 + g\,\cos\varphi) \tag{4.1.30}$$

liefert die Seilkraft. Nach der bewährten Euler-Cauchy-Methode folgt

$$\Delta\omega = -\frac{g}{l}\sin(\varphi)\,\Delta t \tag{4.1.31}$$

$$S = m\left(l\left(\frac{\Delta\varphi}{\Delta t}\right)^2 + g\,\cos\varphi\right). \tag{4.1.32}$$

und damit der in Bild 4.6 dargestellte Berechnungsalgorithmus.

Tabelle 4.4 Speicherplatzbelegung

00 Zähler	03 t	06 l	09 $\Delta\varphi$
01 Δt_{prt}	04 ω	07 m	10 s
02 Δt	05 φ	08 g	11 $\Delta t_{vorh.}$

4.1.3 Gravitation und Planetenbewegung, als die Bewegung eines Massenpunktes unter Einfluß einer Zentralkraft

Aus den von Kepler gefundenen Gesetzen über die Planetenbewegungen leitete Newton ein Gesetz über die Kraftwirkung zwischen Sonne und Planet ab. Dies hat allgemeine Gültigkeit für die Wechselbeziehung beliebiger Massenpunkte und ist unter dem Begriff Gravitationsgesetz bekannt. Danach schreiben wir jedem Massenpunkt ein Gravitationsfeld zu, in dem dieser andere Massen anzieht.

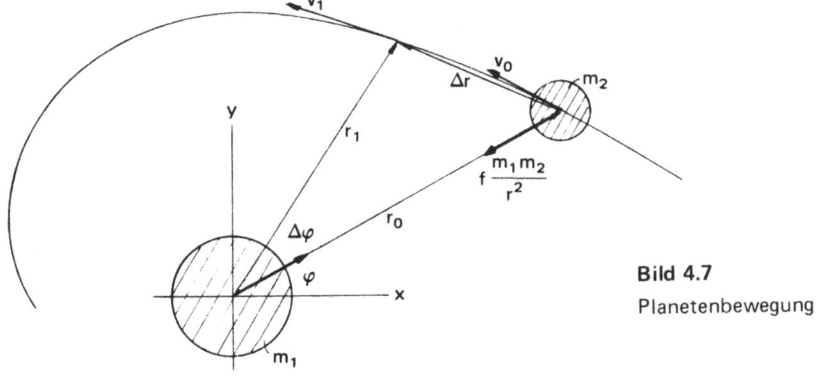

Bild 4.7
Planetenbewegung

Tabelle 4.5

Programm Mathematisches Pendel

Start/Eingabe

```
000  76  LBL
001  11   A
002  47  CMS
003  07   7
004  42  STO
005  00   00
006  91  R/S
007  99  PRT
008  72  ST*
009  00   00
010  97  DSZ
011  00   00
012  00   00
013  06   06
014  98  ADV
015  09   9
016  93   .
017  08   8
018  01   1
019  42  STO
020  08   08
```

Start/Berechnung

$\Delta\omega_i$, ω_i

```
021  76  LBL
022  43  RCL
023  43  RCL
024  08   08
025  94  +/-
026  55   ÷
027  43  RCL
028  06   06
029  65   ×
030  43  RCL
031  05   05
032  38  SIN
033  65   ×
034  43  RCL
035  02   02
036  95   =
037  44  SUM
038  04   04
```

$\Delta\varphi_i$, s_i

```
039  43  RCL
040  04   04
041  65   ×
042  43  RCL
043  02   02
044  95   =
045  55   ÷
046  32  X:T
047  43  RCL
048  02   02
049  95   =
050  33  X²
051  65   ×
052  43  RCL
053  06   06
054  85   +
055  43  RCL
056  08   08
057  65   ×
058  43  RCL
059  05   05
060  39  COS
061  95   =
062  65   ×
063  43  RCL
064  07   07
065  95   =
066  42  STO
067  10   10
068  32  X:T
069  65   ×
070  01   1
071  08   8
072  00   0
073  55   ÷
074  89   π
075  95   =
076  44  SUM
077  05   05
```

t_i

```
078  43  RCL
079  02   02
080  44  SUM
081  03   03
082  44  SUM
083  11   11
```

Abfrage/Ausdruck

```
084  43  RCL
085  01   01
086  32  X:T
087  43  RCL
088  11   11
089  66  PAU
090  22  INV
091  77   GE
092  43  RCL
```

Ausdruck

```
093  98  ADV
094  43  RCL
095  05   05
096  99  PRT
097  43  RCL
098  04   04
099  99  PRT
100  65   ×
101  43  RCL
102  06   06
103  95   =
104  99  PRT
105  43  RCL
106  10   10
107  99  PRT
108  43  RCL
109  03   03
110  99  PRT
111  00   0
112  42  STO
113  11   11
114  61  GTO
115  43  RCL
```

Wir wollen für unser Programm den umgekehrten Weg gehen und über ein Zweikörperproblem zu den Planetenbewegungen kommen. Nach dem Gravitationsgesetz herrscht zwischen den Massen m_1 und m_2 die Gravitationskraft

$$F = f\, m_1\, m_2\, \frac{1}{r^2}. \qquad (4.1.33)$$

Die darin enthaltene Gravitationskonstante beträgt $f = 6.67E{-}11\ km^3\, kg^{-1}\, s^{-2}$. Nach dem d'Alembertschen Prinzip erhalten wir für den Massenpunkt m_2

$$F = f\, m_1\, m_2\, \frac{1}{r^2} = m_2\, a. \qquad (4.1.34)$$

Und daraus die infinitesimale Geschwindigkeitsänderung

$$dv = f\, m_1\, \frac{1}{r^2}\, dt. \qquad (4.1.35)$$

Nach altbewährtem Muster folgt

$$\Delta v = f\, m_1\, \frac{1}{r^2}\, \Delta t. \qquad (4.1.36)$$

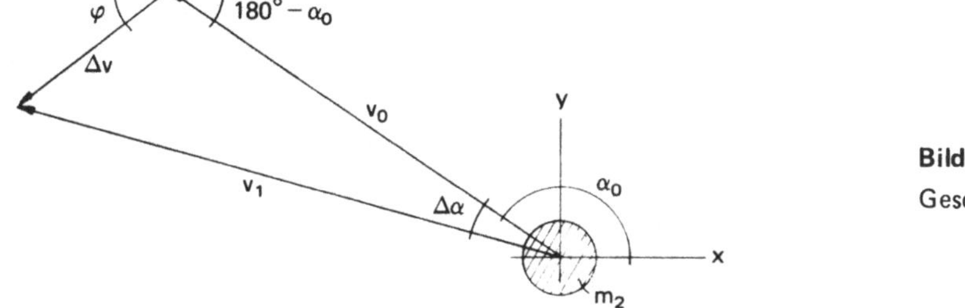

Bild 4.8
Geschwindigkeitsplan

Für die Geschwindigkeiten ergeben sich unter Betrachtung von Bild 4.8 und der Tatsache, daß es sich hier um ebene Bahnen handelt, die Beziehungen nach dem Cosinussatz

$$v_1 = \sqrt{v_0^2 + \Delta v^2 - 2 v_0 \Delta v \cos(\alpha - \varphi)}. \tag{4.1.37}$$

Nach dem Sinussatz folgt weiterhin

$$\Delta\alpha = \arc\sin\left(\frac{\Delta v}{v_1} \sin(\alpha - \varphi)\right). \tag{4.1.38}$$

Durch erneute Anwendung des Cosinussatzes ergibt sich damit, nach Bild 4.7, auch die neue Entfernung

$$r_1 = \sqrt{r_0^2 + \Delta r^2 - 2 r_0 \Delta r \cos(180 + \varphi - \alpha)}. \tag{4.1.39}$$

Und letztlich ergibt eine nochmalige Anwendung des Sinussatzes den in der Zeitdifferenz Δt überstrichenen Winkel

$$\Delta\varphi = \arc\sin\left(\frac{\Delta r}{r_1} \sin(180 + \varphi - \alpha)\right). \tag{4.1.40}$$

Damit liegt unser Berechnungsalgorithmus in Bild 4.9 fest. Wie immer folgen Speicherplatzbelegung und Rechnerprogramm in Tabelle 4.6 und 4.7.
Eine Diskussion der Keplergesetze erfolgt in Anwendungsbeispiel 4.1.5–5–.
Das Programm wird auch hier wieder aus Einfachheitsgründen, nach Beendigung der gewünschten Ausgaben, durch R/S gestoppt.
Dieses Programm läßt sich auch leicht zu einem Mehrkörperproblem umfunktionieren. Es müssen lediglich die Gravitationskräfte der Massen beachtet werden. Deren Komponenten bezüglich eines gewählten Koordinatensystems sind dann zu bestimmen, ähnlich dem Programm Raketenbewegung.

Tabelle 4.6 Speicherplatzbelegung

00 Zähler	04 v	08 m_2	12 $\alpha - \varphi/180 + \varphi - \alpha$
01 Δt_{prt}	05 α	09 m_1	13 Δr
02 Δt	06 φ	10 f	14 $\Delta\alpha$
03 t	07 r	11 $\Delta v/F$	15 $\Delta t_{vorh.}$

Wird eine Masse tangential zur Erdkrümmung von der Erde abgeschossen, so ist die Startgeschwindigkeit für ihre Flugbahn grundlegend. Aus dem Energiesatz, unter Vernachlässigung des Luftwiderstandes, ergeben sich die in Bild 4.10 dargestellten und nur für die Erde zutreffenden Grenzgeschwindigkeiten. Danach ist eine Mindestgeschwindigkeit von 7.9 km/s notwendig, um die Erde umrunden zu können. Man spricht von der ersten kosmischen Geschwindigkeit. Die zweite kosmische Geschwindigkeit von 11.2 km/s erlaubt das Verlassen des Gravitationsfeldes der Erde.

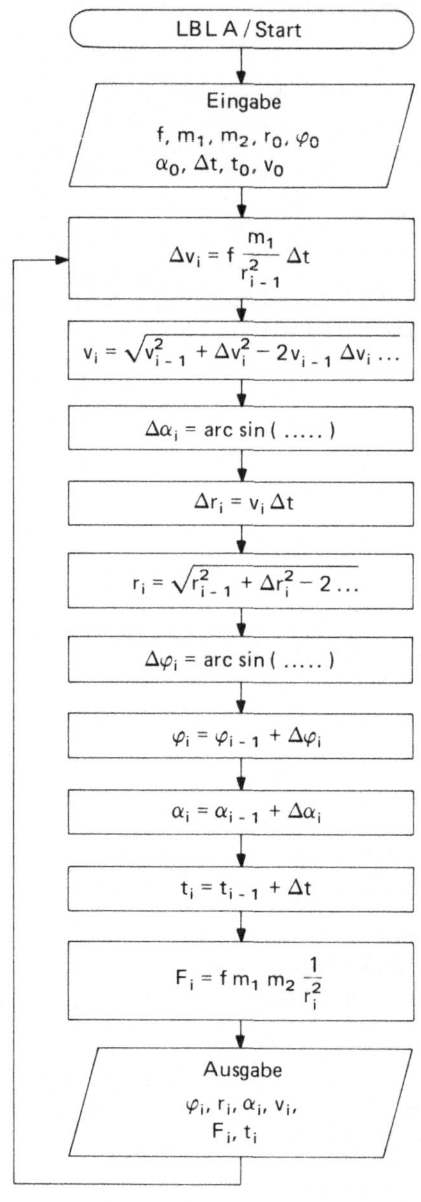

Bild 4.9

Flußdiagramm zur Planetenbewegung

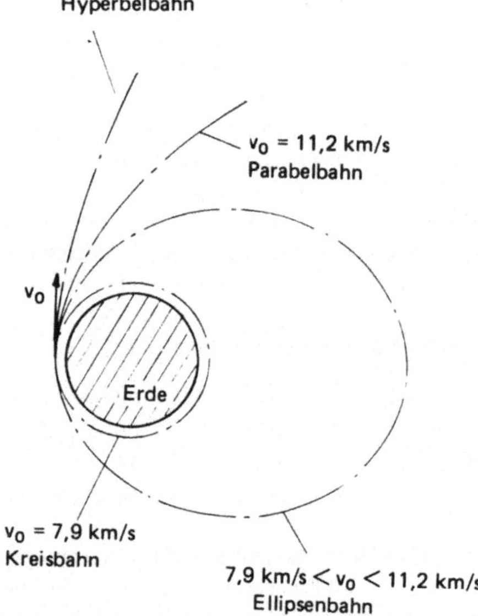

Bild 4.10

Flugbahnen tangential abgeschossener Erdsatelliten

Tabelle 4.7

Programm Planetenbewegung

Start/Eingabe

```
000 76 LBL
001 11  A
002 47 CMS
003 01  1
004 00  0
005 42 STO
006 00  00
007 91 R/S
008 99 PRT
009 72 ST*
010 00  00
011 97 DSZ
012 00  00
013 00  00
014 06  06
015 98 ADV
```

Berechnung

Δv_i

```
016 76 LBL
017 43 RCL
018 43 RCL
019 10  10
020 65  ×
021 43 RCL
022 09  09
023 55  ÷
024 43 RCL
025 07  07
026 33 X²
027 65  ×
028 43 RCL
029 02  02
030 95  =
031 42 STO
032 11  11
```

v_i

```
033 33 X²
034 85  +
035 43 RCL
036 04  04
037 33 X²
038 75  -
039 02  2
040 65  ×
041 43 RCL
042 04  04
043 65  ×
044 43 RCL
045 11  11
046 65  ×
047 53  (
048 43 RCL
049 05  05
050 75  -
051 43 RCL
052 06  06
053 54  )
054 42 STO
055 12  12
056 39 COS
057 95  =
058 34 √X
059 42 STO
060 04  04
```

$\Delta\alpha_i, \alpha_i$

```
061 35 1/X
062 65  ×
063 43 RCL
064 11  11
065 65  ×
066 43 RCL
067 12  12
068 38 SIN
069 95  =
070 22 INV
071 38 SIN
072 42 STO
073 14  14
```

Δr_i

```
074 43 RCL
075 04  04
076 65  ×
077 43 RCL
078 02  02
079 95  =
080 42 STO
081 13  13
```

r_i

```
082 33 X²
083 85  +
084 43 RCL
085 07  07
086 33 X²
087 75  -
088 02  2
089 65  ×
090 43 RCL
091 07  07
092 65  ×
093 43 RCL
094 13  13
095 65  ×
096 53  (
097 01  1
098 08  8
099 00  0
100 85  +
101 43 RCL
102 06  06
103 75  -
104 43 RCL
105 05  05
106 54  )
107 42 STO
108 12  12
109 39 COS
110 95  =
111 34 √X
112 42 STO
113 07  07
```

$\Delta\varphi_i, \varphi_i$

```
114 35 1/X
115 65  ×
116 43 RCL
117 13  13
118 65  ×
119 43 RCL
120 12  12
121 38 SIN
122 95  =
123 95  =
124 22 INV
125 38 SIN
126 44 SUM
127 06  06
```

α_i

```
128 43 RCL
129 14  14
130 44 SUM
131 05  05
```

F_i

```
132 43 RCL
133 10  10
134 65  ×
135 43 RCL
136 09  09
137 65  ×
138 43 RCL
139 08  08
140 55  ÷
141 43 RCL
142 07  07
143 33 X²
144 95  =
145 42 STO
146 11  11
```

t_i

```
147 43 RCL
148 02  02
149 44 SUM
150 15  15
151 44 SUM
152 03  03
```

Abfrage/Ausdruck

```
153 43 RCL
154 01  01
155 32 X↕T
156 43 RCL
157 15  15
158 66 PAU
159 22 INV
160 77  GE
161 43 RCL
```

Ausdruck

```
162 22 INV
163 52 EE
164 98 ADV
165 43 RCL
166 06  06
167 99 PRT
168 43 RCL
169 07  07
170 99 PRT
171 43 RCL
172 05  05
173 99 PRT
174 43 RCL
175 04  04
176 99 PRT
177 43 RCL
178 11  11
179 99 PRT
180 43 RCL
181 03  03
182 99 PRT
183 00  0
184 42 STO
185 15  15
186 61 GTO
187 43 RCL
```

4.1.4 Die Raketenbewegung, als die Bewegung eines Massenpunktes mit veränderlicher Masse

Die Raketenbewegung stellt das einzige uns bekannte Prinzip dar, die Beschleunigung eines Fahrzeuges, ohne zu Hilfenahme von Reibungskräften, durchzuführen. Daher funktioniert dieses Prinzip auch im kräftefreien Raum. Die erreichbare Raketengeschwindigkeit ergibt sich nach dem Impulssatz aus der Geschwindigkeit und der Anzahl der Masseteilchen austretender Verbrennungsgase. Die Rakete erhält unter Betrachtung von Bild 4.11 das Impulsdifferential

$$(m_1 + m_2)\,dv = -v_s dm. \tag{4.1.41}$$

Die Integration liefert

$$\int_{v_a}^{v_e} \frac{dv}{v_s} = -\int_{m_1+m_2}^{m_1} \frac{dm}{m_1 + m_2} = \int_{m_1}^{m_1+m_2} \frac{dm}{m_1 + m_2}, \tag{4.1.42}$$

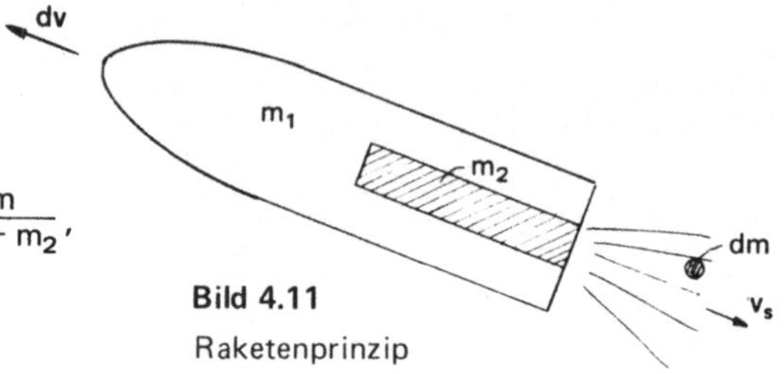

Bild 4.11
Raketenprinzip

mit dem Index e für End- und a für Anfangszustand. Unter der Voraussetzung konstanter Ausströmgeschwindigkeit v_s folgt

$$\frac{1}{v_s} |v|_{v_a}^{v_e} = |\ln(m)|_{m_1}^{m_1+m_2} \tag{4.1.43}$$

$$\frac{1}{v_s}(v_e - v_a) = \ln \frac{m_1 + m_2}{m_1} = \ln\left(1 + \frac{m_2}{m_1}\right). \tag{4.1.44}$$

Mit der Annahme, daß die Startgeschwindigkeit $v_a = 0$ ist, z.B. bei einem Start von der Erde auf einer Rampe, folgt

$$1 + \frac{m_2}{m_1} = e^{\left(\frac{v_e}{v_s}\right)}. \tag{4.1.45}$$

Diese Formel ist für die Auslegung einer Rakete von großer Bedeutung. Bei Beachtung der konstruktiv vorliegenden Ausströmgeschwindigkeit und der Raketenendgeschwindigkeit, als Voraussetzung des Bahnverlaufs (siehe 4.1.3), ergibt sich unter Vernachlässigung von Strömungswiderständen der Nutzlast/Brennmasse-Quotient.

Die Bewegungsgleichung der Rakete erhalten wir nach Bild 4.12 unter Einfluß der Gravitationskraft zum Zentralkörper M und der Impulskraft des Antriebes aus

$$m\,a = \frac{dm}{dt} v_s + f\,M\,m \frac{1}{r^2}. \tag{4.1.46}$$

In Komponentenschreibweise heißt dies

$$m\,a_x = \frac{dm}{dt} v_s \cos\alpha + f\,M\,m \frac{1}{r^2} \cos(180 + \varphi) \tag{4.1.47}$$

und

$$m\,a_y = \frac{dm}{dt} v_s \sin\alpha + f\,M\,m \frac{1}{r^2} \sin(180 + \varphi). \tag{4.1.48}$$

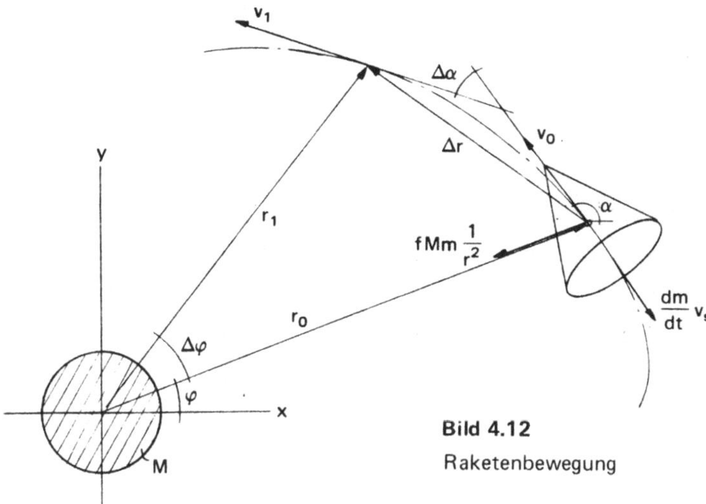

Bild 4.12
Raketenbewegung

Unter der Annahme, daß die Menge der in der Zeiteinheit dt erzeugten Verbrennungsgase konstant ist, also

$$\frac{dm}{dt} = u = \text{const.} \tag{4.1.49}$$

und damit für die Raketenmasse

$$m = m_0 - ut \tag{4.1.50}$$

gilt, folgt nach altem Prinzip

$$\Delta v_x = \left(\frac{u\, v_s \cos\alpha}{m_0 - ut} + f\, M \frac{\cos(180 + \varphi)}{r^2} \right) \Delta t \tag{4.1.51}$$

und

$$\Delta v_y = \left(\frac{u\, v_s \sin\alpha}{m_0 - ut} + f\, M \frac{\sin(180 + \varphi)}{r^2} \right) \Delta t. \tag{4.1.52}$$

Damit liegt unser Berechnungsprozeß wiederum fest und die Programmierung folgt wie in den vorangegangenen Ausführungen. In Bild 4.13 folgt das Flußdiagramm und in den Tabellen 4.8 und 4.9 Speicherplatzbelegung und Rechnerprogramm.

Tabelle 4.8 Speicherplatzbelegung

00 Δt_{vorh}	04 v	08 u	12 f	16 x
01 Δt_{prt}	05 α	09 v_s	13 v_y	17 F
02 Δt	06 r	10 m	14 v_x	18 Zwischen-
03 t	07 φ	11 M	15 y	19 werte

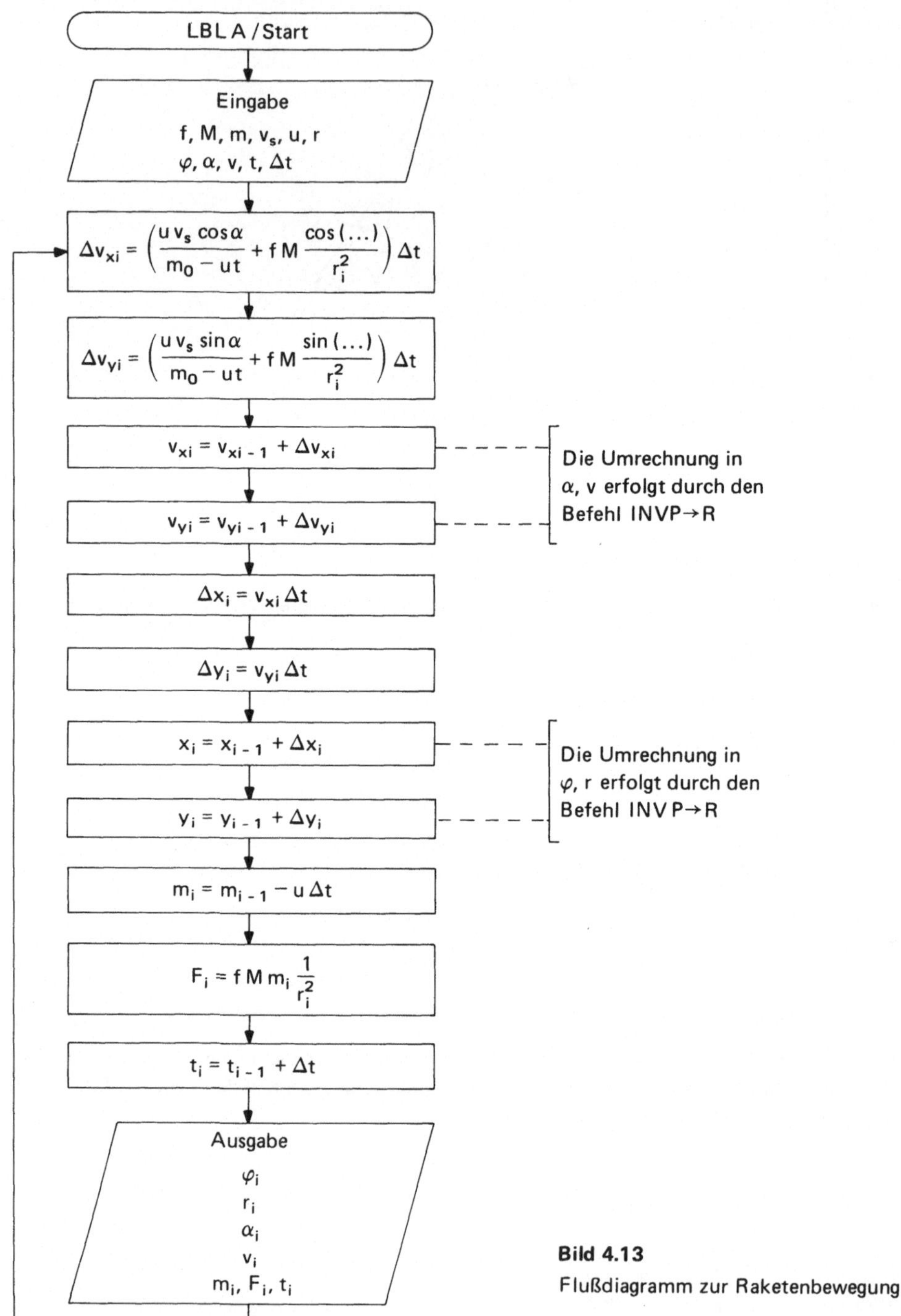

Bild 4.13
Flußdiagramm zur Raketenbewegung

Tabelle 4.9

Programm Raketenbewegung

Start/Eingabe

```
000  76  LBL
001  11   A
002  47  CMS
003  01   1
004  02   2
005  42  STO
006  00   00
007  91  R/S
008  99  PRT
009  72  ST*
010  00   00
011  97  DSZ
012  00   00
013  00   00
014  06   06
015  98  ADV
```

Umrechnung

```
016  43  RCL
017  06   06
018  32  X:T
019  43  RCL
020  07   07
021  37  P/R
022  42  STO
023  15   15
024  32  X:T
025  42  STO
026  16   16
027  43  RCL
028  04   04
029  32  X:T
030  43  RCL
031  05   05
032  37  P/R
033  42  STO
034  13   13
035  32  X:T
036  42  STO
037  14   14
```

Berechnung

$\Delta v_{xi}, v_{xi}$

```
038  76  LBL
039  43  RCL
040  43  RCL
041  08   08
042  65   ×
043  43  RCL
044  09   09
045  55   ÷
046  43  RCL
047  10   10
048  65   ×
049  42  STO
050  19   19
051  43  RCL
052  05   05
053  39  COS
054  85   +
055  43  RCL
056  12   12
057  65   ×
058  43  RCL
059  11   11
060  55   ÷
061  43  RCL
062  06   06
063  33  X²
064  65   ×
065  42  STO
066  18   18
067  53   (
068  01   1
069  08   8
070  00   0
071  75   -
072  43  RCL
073  07   07
074  54   )
075  39  COS
076  95   =
077  65   ×
078  43  RCL
079  02   02
080  95   =
081  44  SUM
082  14   14
```

$\Delta v_{yi}, v_{yi}$

```
083  43  RCL
084  19   19
085  65   ×
086  43  RCL
087  05   05
088  38  SIN
089  85   +
090  43  RCL
091  18   18
092  65   ×
093  53   (
094  01   1
095  08   8
096  00   0
097  85   +
098  43  RCL
099  07   07
100  54   )
101  38  SIN
102  95   =
103  65   ×
104  43  RCL
105  02   02
106  95   =
107  44  SUM
108  13   13
```

$\Delta x_i, x_i$

```
109  43  RCL
110  14   14
111  65   ×
112  43  RCL
113  02   02
114  95   =
115  44  SUM
116  16   16
```

$\Delta y_i, y_i$

```
117  43  RCL
118  13   13
119  65   ×
120  43  RCL
121  02   02
122  95   =
123  44  SUM
124  15   15
```

m_i

```
125  43  RCL
126  08   08
127  94  +/-
128  65   ×
129  43  RCL
130  02   02
131  95   =
132  44  SUM
133  10   10
```

Umrechnung

```
134  43  RCL
135  14   14
136  32  X:T
137  43  RCL
138  13   13
139  22  INV
140  37  P/R
141  42  STO
142  05   05
143  32  X:T
144  42  STO
145  04   04
146  43  RCL
147  16   16
148  32  X:T
149  43  RCL
150  15   15
151  22  INV
152  37  P/R
153  42  STO
154  07   07
155  32  X:T
156  42  STO
157  06   06
```

F_i

```
158  43  RCL
159  12   12
160  65   ×
161  43  RCL
162  11   11
163  65   ×
164  43  RCL
165  10   10
166  55   ÷
167  43  RCL
168  06   06
169  33  X²
170  95   =
171  42  STO
172  17   17
```

t_i

```
173  43  RCL
174  02   02
175  44  SUM
176  03   03
177  44  SUM
178  00   00
```

Abfrage/Ausdruck

```
179  43  RCL
180  01   01
181  32  X:T
182  43  RCL
183  00   00
184  66  PAU
185  22  INV
186  77   GE
187  43  RCL
```

Ausdruck

```
188  98  ADV
189  43  RCL
190  07   07
191  99  PRT
192  43  RCL
193  06   06
194  99  PRT
195  43  RCL
196  05   05
197  99  PRT
198  43  RCL
199  04   04
200  99  PRT
201  43  RCL
202  10   10
203  99  PRT
204  43  RCL
205  17   17
206  99  PRT
207  43  RCL
208  03   03
209  99  PRT
210  00   0
211  42  STO
212  00   00
213  61  GTO
214  43  RCL
```

4.1.5 Anwendungsbeispiele

– 1 –

Ein Ball wird unter den Anfangswinkeln $\alpha_0 = 30°$ und $\alpha_0 = 60°$ mit der gleichen Anfangsgeschwindigkeit $v_0 = 20$ m/s fortgeworfen. Seine Ansichtsfläche ist $A = 0.01\ m^2$ und seine Masse $m = 3$ kg. Sein Luftwiderstandskoeffizient wird mit 0.4 angenommen. Die Luftdichte beträgt $1.293\ kg/m^3$.

```
A Eingabe:      0.4   cw        6.921034104      17.27800566       27.60685384
              1.293   δ         3.191960487      5.029120069       3.334398783
               0.01   A         19.31879245      .5486105069      -18.38376324
                 3.   m         18.31745404      17.23929312       18.11594929
                                        0.4               1.               1.6
B Eingabe:     0.01   Δt
                20.   v0        10.37653061      20.72408113       31.04341409
                30.   α0         4.19738184      4.856166064       1.986341527
                 0.   x0        13.33337146     -5.954041558      -24.06195427
                 0.   y0        17.74822929      17.31643266       18.80935427
                 0.   t0                0.6              1.2               1.8
                0.2   Δtprt

                                13.82883177      24.16704721       34.47660735
Ausgabe:         —              4.809644264      4.291136957       .2473903322
                                7.031447309     -12.31255538      -29.28461915
     3.462237037  x             17.38478662      17.61249094       19.67179151
     1.792979788  y                     0.8              1.4                2.
     24.89191924  α
     19.07487719  v                                                37.90628321
             0.2  t                                               -1.881985082
                                                                  -34.02856163
                                                                   20.6812462
                                                                          2.2
```

Die Berechnung mit dem zweiten Wurfwinkel ergibt:

```
        0.4
      1.293    5.97120184   13.86260642   21.69530608   29.46821529
       0.01   8.552491371   14.38396098   13.91500311   7.197018771
         3.   48.75813407   19.03460925  -24.53965867  -51.65762897
              15.03235819   10.39342043   10.72604544   15.58903846
       0.01           0.6           1.4           2.2            3.
        20.
        60.   7.950575069   15.82581641   23.64480534   31.39956536
         0.   10.60433112   14.85537886   12.81905048   4.549393918
         0.   43.30033583   8.257493189  -33.33871715  -55.72772996
         0.   13.58324307    9.91072307   11.65675148   17.12519042
        0.2           0.8           1.6           2.4           3.2

1.996483776   9.925313716   17.78566408   25.59038431   33.32521974
3.252216273   12.25938776   14.93390535   11.33328846   1.517744686
56.92575273   36.63646513  -3.153411845  -40.68014884  -59.10554626
18.26377072   12.29179898    9.80621736   12.81452442   18.72393803
        0.2            1.           1.8           2.6           3.4

3.986688411   11.89586597   19.74219018   27.53166498   35.24466655
6.102371439   13.51891761   14.62021575   9.458834855  -1.895912267
53.23310975   28.56923826  -14.34065788  -46.71329733  -61.93613172
16.60154165   11.20813536   10.08902756    14.1406747   20.36683276
        0.4           1.2            2.           2.8           3.6
```

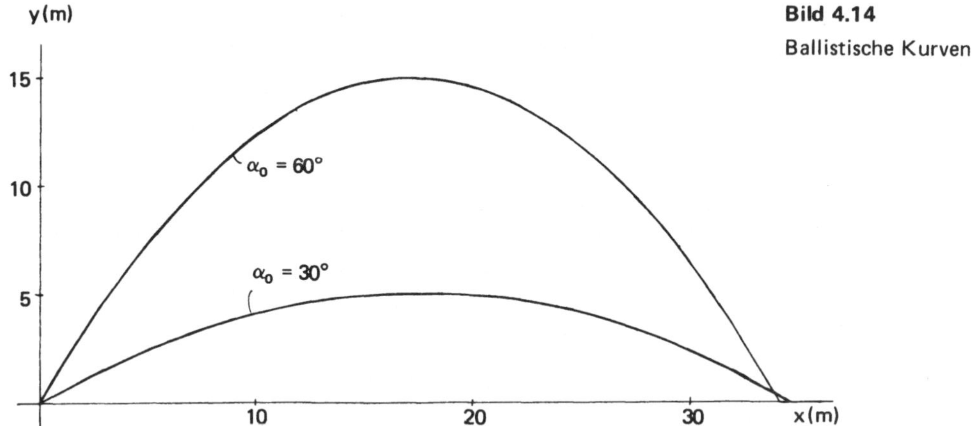

Bild 4.14

Ballistische Kurven

Bild 4.14 zeigt das Ergebnis der Berechnungen. Eine in der Ballistik als Steilschuß bezeichnete Kurve ($\alpha_0 = 60°$) erreicht die gleiche Weite wie ein ‚Flachschuß' ($\alpha_0 = 30°$). Der Einfluß des Luftwiderstandes ist hier gering sichtbar. Erst bei höheren Geschwindigkeiten weicht die Ballistische Kurve stärker von der Wurfparabel ab.

– 2 –

Ein Fallschirmspringer, $c_w = 1.5$, $A = 30\,m^2$, $m = 100\,kg$, fällt mit $v_0 = 0$ im lufterfüllten Raum von $\delta = 1.293\,kg/m^3$, aus 10000 m Höhe bei geöffnetem Fallschirm.

Eingabe:

1.5	c_w
1.293	δ
30.	A
100.	m
0.01	Δt
0.	v_0
0.	α_0
0.	x_0
10000.	y_0
0.	t_0
0.2	Δt_{prt}
0.	x
9999.797616	y
-90.	α
1.895462617	v
0.2	t

Natürlich wird dies kein vernünftiger Fallschirmspringer ausführen, denn er möchte ja nicht ‚stundenlang' obenbleiben. Bild 4.15 zeigt nämlich, daß die Sinkgeschwindigkeit sich einem Grenzwert nähert. Dieser läßt sich auch analytisch aus der Bedingung für den gleichmäßigen Fall

$$m\,g = \frac{1}{2} c_w\,\delta\,A\,v^2 \qquad (4.1.53)$$

```
0.
9999.249186
-90.
3.432472025
0.4

0.
9998.445358
-90.
4.473398698
0.6

0.
9997.47967
-90.
5.094360592
0.8

0.
9996.421303
-90.
5.436925093
1.

0.
9995.312979
-90.
5.617751637
1.2

0.
9994.178608
-90.
5.71097758
1.4

0.
9993.030896
-90.
5.758455494
1.6

0.
9991.876411
-90.
5.782484016
1.8

0.
9990.718504
-90.
5.794606274
2.

0.
9989.558873
-90.
5.80071209
2.2

0.
9988.398373
-90.
5.803785022
2.4

0.
9987.237436
-90.
5.805330937
2.6

0.
9986.076279
-90.
5.806108488
2.8

0.
9984.915012
-90.
5.806499535
3.

0.
9983.753689
-90.
5.806696189
3.2

0.
9982.592339
-90.
5.806795083
3.4

0.
9981.430974
-90.
5.806844815
3.6

0.
9980.269602
-90.
5.806869823
3.8

0.
9979.108227
-90.
5.806882399
4.

0.
9977.946849
-90.
5.806888723
4.2

0.
9976.785471
-90.
5.806891903
4.4

0.
9975.624093
-90.
5.806893502
4.6

0.
9974.462714
-90.
5.806894307
4.8

0.
9973.301335
-90.
5.806894711
5.

0.
9972.139956
-90.
5.806894914
5.2

0.
9970.978577
-90.
5.806895017
5.4

0.
9969.817198
-90.
5.806895068
5.6

0.
9968.655819
-90.
5.806895094
5.8

0.
9967.49444
-90.
5.806895107
6.

0.
9966.333061
-90.
5.806895113
6.2

0.
9965.171682
-90.
5.806895117
6.4

0.
9964.010303
-90.
5.806895118
6.6

0.
9962.848924
-90.
5.806895119
6.8

0.
9961.687545
-90.
5.80689512
7.

0.
9960.526166
-90.
5.80689512
7.2

0.
9959.364787
-90.
5.80689512
7.4
```

berechnen, wurch

$$v_{grenz} = \sqrt{\frac{2\,m\,g}{c_w\,\delta\,A}}. \qquad (4.1.54)$$

In unserem Fall also

$$v_g = \sqrt{\frac{2\;100\,kg\;9.81\,m\,m^3}{s^2\;1.5\;1.293\,kg\;30\,m^2}}$$

$$\underline{v_g = 5.80689512\,\frac{m}{s}.}$$

Unsere Näherungsberechnung entspricht damit der Rechnergenauigkeit.

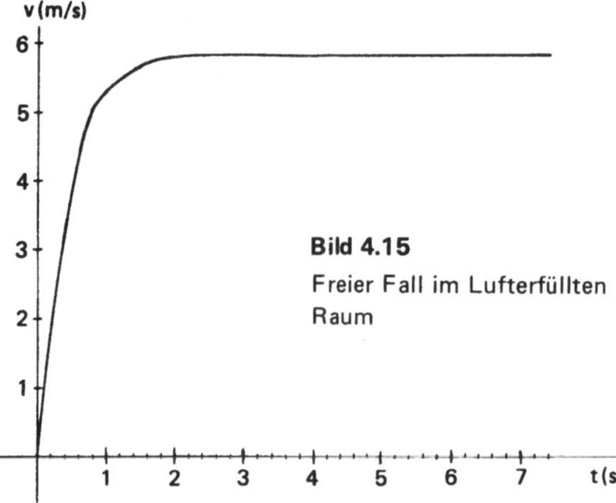

Bild 4.15
Freier Fall im Lufterfüllten Raum

– 3 –

Ein Taucher $c_w = 0.8$, $A = 0.2\,m^2$, $m = 100\,kg$, $\delta_k = 1500\,kg/m^3$ springt mit $v_0 = 1\,m/s$ ins Wasser von $\delta_m = 1000\,kg/m^3$.
Entsprechend der Ausarbeitung beträgt die zu verändernde Erdbeschleunigung

$$g' = 9.81\,\frac{m}{s^2}\left(1 - \frac{1000}{1500}\right) = 3.27\,\frac{m}{s^2}.$$

Wie Bild 4.16 zeigt, gilt auch hier nach der Formel (4.1.54):

$$v_g = \sqrt{\frac{2\;100\,kg\;\;3.27\,m\,m^3}{s^2\;0.8\;\;1000\,kg\;\;0.2\,m^2}}$$

$$\underline{v_g = 2.021756662\,\frac{m}{s}.}$$

Eine konstante Sinkgeschwindigkeit wird hier schneller erreicht.

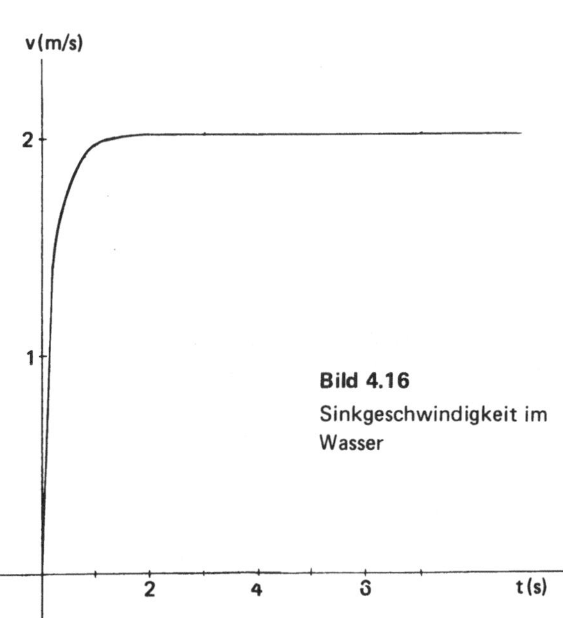

Bild 4.16
Sinkgeschwindigkeit im Wasser

```
Eingabe:      0.8           cw
           1000.            δ
              0.2           A
            100.            m

              0.01          Δt
              1.            v0
            -90.            α0
              0.            x0
              0.            y0
              0.            t0
Ausgabe:      0.2           Δtprt

              0.            x
      -.2464647407          y
            -90.            α
       1.41680885           v
              0.2           t

              0.
      -.5600193183
            -90.
       1.683230943
              0.4

              0.
      -.9144683281
            -90.
       1.838765406
              0.6

              0.
      -1.292121559
            -90.
       1.924772169
              0.8

              0.
      -1.68240262
            -90.
       1.970905455
              1.

              0.
      -2.079398742
            -90.
       1.995246516
              1.2

              0.
      -2.479921661
            -90.
       2.007977737
              1.4

              0.
      -2.882284778
            -90.
       2.014606169
              1.6

              0.
      -3.285604782
            -90.
       2.018048987
              1.8

              0.
      -3.689421468
            -90.
       2.019834973
              2.

              0.
      -4.093495726
            -90.
       2.020760869
              2.2

              0.
      -4.49770349
            -90.
       2.021240715
              2.4

              0.
      -4.901980439
            -90.
       2.021489352
              2.6

              0.
      -5.306293234
            -90.
       2.021618174
              2.8

              0.
      -5.710624601
            -90.
       2.021684915
              3.

              0.
      -6.11496559
            -90.
       2.021719492
              3.2

              0.
      -6.519311563
            -90.
       2.021737405
              3.4

              0.
      -6.92366012
            -90.
       2.021746686
              3.6

              0.
      -7.328010014
            -90.
       2.021751494
              3.8

              0.
      -7.732360601
            -90.
       2.021753984
              4.

              0.
      -8.136711547
            -90.
       2.021755275
              4.2

              0.
      -8.54106268
            -90.
       2.021755943
              4.4

              0.
      -8.945413909
            -90.
       2.02175629
              4.6

              0.
      -9.349765187
            -90.
       2.021756469
              4.8

              0.
      -9.754116492
            -90.
       2.021756562
              5.

              0.
      -10.15846781
            -90.
       2.02175661
              5.2

              0.
      -10.56281913
            -90.
       2.021756635
              5.4

              0.
      -10.96717046
            -90.
       2.021756648
              5.6

              0.
      -11.37152179
            -90.
       2.021756655
              5.8

              0.
      -11.77587312
            -90.
       2.021756658
              6.

              0.
      -12.18022446
            -90.
       2.02175666
              6.2

              0.
      -12.58457579
            -90.
       2.021756661
              6.4

              0.
      -12.98892712
            -90.
       2.021756661
              6.6

              0.
      -13.39327845
            -90.
       2.021756662
              6.8

              0.
      -13.79762978
            -90.
       2.021756662
              7.

              0.
      -14.20198112
            -90.
       2.021756662
              7.2

              0.
      -14.60633245
            -90.
       2.021756662
              7.4
```

– 4 –

Ein Fadenpendel (math. Pendel) mit einem 2 m langen Faden wird um $\varphi = 60^\circ$ ausgelenkt. Der Massenpunkt hat m = 10 kg.

Eingabe:

10.	m
2.	l
60.	φ_0
0.	ω_0
0.	t_0
0.01	Δt
0.1	Δt_{prt}

Ausgabe:

```
 58.66436294  φ
-.4230498093  ω
-.8460996186  v
 54.24144219  s
         0.1  t

 54.9337676
-.8351873851
-1.67037477
 69.63890194
         0.2

 48.9096734
-1.223665369
-2.447330738
 93.51364141
         0.3

 40.77579918
-1.572711235
-3.145422469
 122.739927
         0.4

 30.81587938
-1.863632016
-3.727264033
 152.7613874
         0.5

 19.42538461
-2.076683422
-4.153366843
 178.0705392
         0.6

 7.107079577
-2.194586747
-4.389173494
 193.3807
         0.7

-5.556180858
-2.206647066
-4.413294131
 195.2107304
         0.8

-17.94950204
-2.111722529
-4.223445058
 183.1303343
         0.9

-29.48316851
-1.918559004
-3.837118008
 159.9239933
         1.

-39.64261924
-1.643313007
-3.286626013
 130.56863
         1.1

-48.01852757
-1.305528258
-2.611056517
 100.6526364
         1.2

-54.31381727
-.9243599266
-1.848719853
 75.04907206
         1.3

-58.33340312
-.5162982607
-1.032596521
 57.26177161
         1.4

-59.9666354
-.0946978436
-.1893956872
 49.35922116
         1.5

-59.17181503
 .3292664185
 .6585328371
 52.16353406
         1.6

-55.96899531
 .7448512135
 1.489702427
 65.38981894
         1.7

-50.44354869
 1.139854598
 2.279709195
 87.59302671
         1.8

-42.75929885
 1.49922489
 2.99844978
 115.9731639
         1.9

-33.17628847
 1.804824479
 3.609648957
 146.2744446
         2.

-22.06474253
 2.036887553
 4.073775105
 173.1239367
         2.1

-9.905013345
 2.17722541
 4.354450819
 191.0536834
         2.2

 2.734353449
 2.213348176
 4.426696351
 196.0460844
         2.3

 15.24072324
 2.141847724
 4.283695449
 186.9306353
         2.4

 27.01392981
 1.969392164
 3.938784329
 165.8275312
         2.5

 37.51922323
 1.7108081
 3.421616201
 137.3559054
         2.6

 46.32243126
 1.385245846
 2.770491692
 107.1022091
         2.7

 53.10187358
 1.012208585
 2.024417169
 80.18104
         2.8

 57.6411507
 0.608882631
 1.217765262
 60.42344959
         2.9

 59.81232444
 .1892799415
 .3785598829
 50.20496934
         3.

 59.55930305
-.2350724453
-.4701448906
 50.6082257
         3.1

 56.88844895
-.6535036732
-1.307007346
 61.59238959
         3.2

 51.86971983
-1.054285415
-2.10857083
 81.98545951
         3.3

 44.64796162
-1.423072765
-2.846145529
 109.3066976
         3.4

 35.46026181
-1.742355467
-3.484710935
 139.616595
         3.5

 24.65163103
-1.992508809
-3.985017619
 167.7281247
         3.6
```

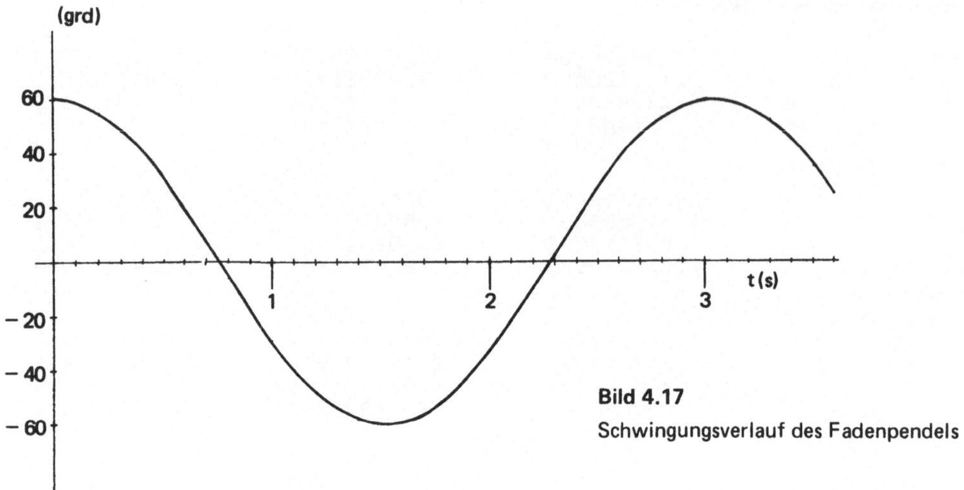

Bild 4.17
Schwingungsverlauf des Fadenpendels

Auch hier wollen wir eine Grenzwertbetrachtung anstellen. Aus der Energieumsetzung läßt sich analytisch die Geschwindigkeit des Massenpunktes im tiefsten Punkt seiner Bahn bestimmen. Nach Bild 4.18 wird das durch die Höhendifferenz h umgesetzte Energiepotential, durch die Gleichung

$$m\,g\,h = m\,\frac{v^2}{2} \qquad (4.1.55)$$

beschrieben. Daraus folgt durch Umstellung

$$v_{max} = \sqrt{2\,g\,h} \qquad (4.1.56)$$

$$= \sqrt{\frac{2 \cdot 9.81\ m \cdot 1\ m}{s^2}}$$

$$\underline{v_{max} = 4.429446918\ \frac{m}{s}.}$$

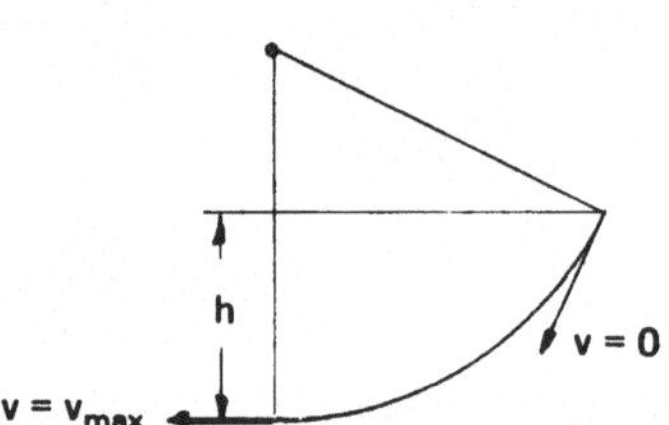

Bild 4.18 Energiebetrachtung

— 5 —

Ein Satellit von der Masse m_2 = 1000 kg, soll auf einer elliptischen Bahn um die Erde (m_1 = 5.973E24 kg, f = 6.67E−20 km³/kgs²) gebracht werden. Dazu wird eine Anfangsgeschwindigkeit von v_0 = 10 km/s gewählt. Der Satellit startet tangential ($\varphi_0 = 0°$, $\alpha_0 = 90°$) zum mittleren Erdradius von r_0 = 6378 km.

Die graphische Darstellung der Satellitenbahn zeigt Bild 4.19. Daran lassen sich nun anschaulich die drei Keplerschen Gesetze erklären.

1. Gesetz

Die Planeten bewegen sich auf elliptischen Bahnen, in deren einem Brennpunkt die Sonne steht.

Dies heißt nichts anderes, als das die Strecken

$\overline{1n2}$, mit n = 3, 4, 5, 6, ...,

in Bild 4.19 gleich lang sind.

Eingabe:

6.67-20	f
5.973 24	m_1
1000.	m_2
6378.	r_0
0.	φ_0
90.	α_0
10.	v_0
0.	t_0
5.	Δt
1000.	Δt_{prt}

Ausgabe:

φ	r	α	v	F	t
72.20836605	8654.871392	136.3367104	8.236058417	5.318597327	1000.
106.4798458	12387.89231	161.4244459	6.336350213	2.596112488	2000.
125.1863725	15777.33403	177.763171	5.131882031	1.600483157	3000.
137.6497628	18626.80871	190.8273146	4.314158428	1.148263182	4000.
147.0427105	20967.4353	202.6247471	3.71997412	0.906207653	5000.
154.7080562	22849.39732	214.0960879	3.272606062	.7630778542	6000.
161.32329	24314.16703	225.7620688	2.934456239	.6739063629	7000.
167.2793873	25392.30121	237.9079069	2.687308172	.6178943532	8000.
172.8293714	26104.94282	250.621239	2.52331535	.5846189062	9000.
178.1562859	26465.39339	263.7925383	2.440002519	.5688026893	10000.
183.4093266	26480.18507	277.1462905	2.437012037	.5681674067	11000.
188.7270759	26149.62893	290.336993	2.514280512	.5826225472	12000.
194.2570781	25467.87212	303.0808843	2.671969586	.6142328336	13000.
200.1785284	24422.4618	315.255605	2.912159379	.6679431045	14000.
206.7368638	22990.39233	326.9346263	3.241957992	0.753550304	15000.
214.3078162	21151.69235	338.3869049	3.678223499	.8904880719	16000.
223.5353261	18858.14963	350.1074978	4.255867883	1.12026352	17000.
235.6768133	16065.63391	362.9791789	5.045613597	1.543556801	18000.
253.6368934	12744.83276	378.8366339	6.195604554	2.452731827	19000.
285.6716908	9066.866319	402.4904312	7.987076256	4.846228904	20000.
352.3621698	6589.094663	445.2831373	9.86889194	9.176284182	21000.
360.9747661	6569.217632	450.6221098	9.893011223	9.231899094	21100.

2. Gesetz

Die Flächengeschwindigkeit eines Punktes ist konstant.
In unserem Fall heißt dies, die schraffierten Flächen A_1 und A_2 stimmen überein. Dies stimmt für jedes Flächenelement der Bahn, das in der gleichen Zeiteinheit überstrichen wird.

3. Gesetz

Das Verhältnis der dritten Potenzen der großen Halbachsen der Bahnen zu den Quadraten der Umlaufzeiten ist konstant.
Das heißt allgemein

$$\frac{t_1^2}{b_1^3} = \frac{t_2^2}{b_2^3}.$$

Dies läßt sich jedoch nur an mehreren unterschiedlichen Bahnen zeigen.

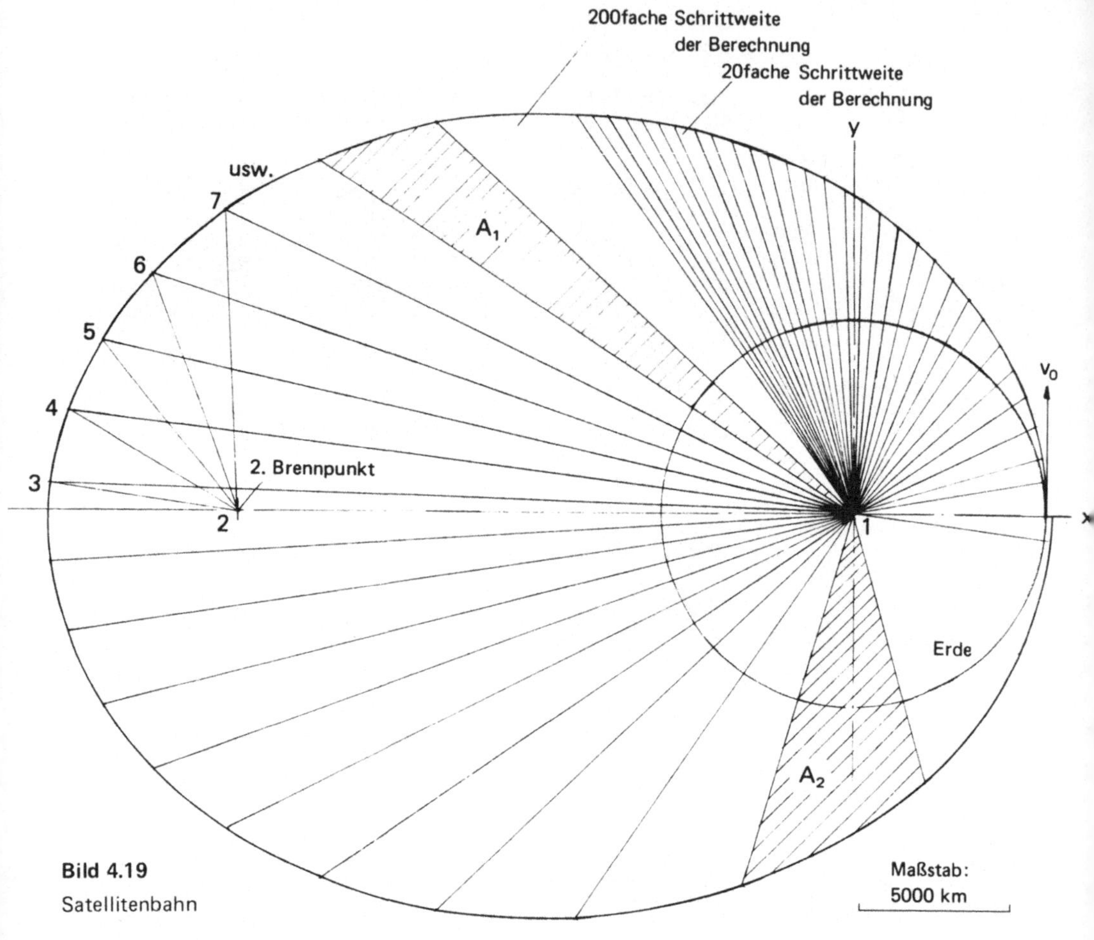

Bild 4.19
Satellitenbahn

(Ein Größenvergleich, die durchschnittliche Entfernung zum Mond beträgt 384 403 km.)

– 6 –

Eine Rakete soll eine Nutzlast von 50 kg auf eine elliptische Umlaufbahn um die Erde bringen ($M = 5.973E24$, $r_0 = 6378$ km, $f = 6.67E{-}20\ km^3/kgs^2$). Eine Endgeschwindigkeit der Nutzlast von 10 km/s ist anzustreben (siehe 4.1.3). Die Ausströmgeschwindigkeit der Verbrennungsgase beträgt 5 km/s = const. mit einer Massenausströmung von u = 10 kg/s = const.
Aus Gleichung (4.1.45) läßt sich die Brennstoffmasse der Rakete abschätzen

$$m_2 = m_1 \left(e^{\frac{v_e}{v_s}} - 1 \right) \tag{4.1.57}$$

$$m_2 = 50\,kg \left(e^{\frac{10}{5}} - 1 \right)$$

$$\underline{m_2 = 320\,kg}$$

Eingabe:

6.67-20	f
5.973 24	M
370.	m_0
5.	v_s
10.	u
0.	φ_0
6378.	r_0
45.	α_0
0.	v_0
0.	t_0
0.1	Δt
1.	Δt_{prt}

Ausgabe:

.0005140349	φ
6378.042854	r
54.56888634	α
.1307393369	v
360.	m
3.525705097	F
1.	t

```
.0020405467
6378.157008
56.91772225
.2659007708
350.
3.427646148
2.

.0046414744
6378.339497
58.32048401
.4053902567
340.
3.329522872
3.

.0083661024
6378.58952
59.31856623
.5493652389
330.
3.231342395
4.

.0132606971
6378.907162
60.08970882
.6980481876
320.
3.133110874
5.
```

```
0.019371115
6379.293048
60.71503491
0.851703489
310.
3.034833969
6.

.0267440328
6379.748203
61.23852195
1.010632428
300.
2.936517051
7.

.0354277138
6380.273981
61.68673347
1.175173504
290.
2.838165323
8.

.0454725878
6380.872034
62.07696214
1.345705184
280.
2.739783903
9.

.0569317579
6381.544297
62.42110332
1.522650272
270.
2.641377879
10.

.0698614905
6382.292988
62.7276934
1.706481683
260.
2.542952349
11.

0.084321722
6383.120615
63.00306736
1.897729675
250.
2.444512461
12.
```

```
.1003766065
6384.029994
63.25205626
2.096990771
240.
2.346063446
13.

.1180951289
6385.024271
63.47842822
2.304938699
230.
2.247610642
14.

.1375518029
6386.106953
63.68517843
2.522337866
220.
2.14915953
15.

0.158827482
6387.281949
63.87472619
2.750060007
210.
2.050715759
16.

.1820103136
6388.553615
64.04905274
2.989104956
200.
1.952285176
17.

.2071968746
6389.926818
64.20979988
3.240626753
190.
1.85387386
18.

.2344935397
6391.407008
64.35834204
3.505966835
180.
1.75548816
19.
```

```
.2640181487
6393.000309
64.49584003
3.786696716
170.
1.657134729
20.

.2959020617
6394.713634
64.62328151
4.084673597
160.
1.558820576
21.

.3302927271
6396.554827
64.74151207
4.402113906
150.
1.460553111
22.

.3673569324
6398.532847
64.85125928
4.741692165
140.
1.362340215
23.

.4072849858
6400.657999
64.95315132
5.106676446
130.
1.264190306
24.

.4502961894
6402.942245
65.04773167
5.50111794
120.
1.166112433
25.

0.496646145
6405.399614
65.13547037
5.930122843
110.
1.06811638
26.
```

```
.5466367352
6408.04676
65.21677277
6.400253598
100.
.9702128097
27.

.6006301283
6410.903752
65.29198574
6.920141125
90.
.8724134341
28.

.6590690696
6413.995207
65.3614018
7.501457024
80.
.7747312488
29.

0.722507442
6417.352005
65.42526066
8.160533964
70.
.6771808448
30.

0.791658556
6421.013987
65.4837478
8.921233787
60.
.5797788482
31.

0.867476272
6425.034477
65.53698835
9.820429703
50.
.4825445646
32.
```

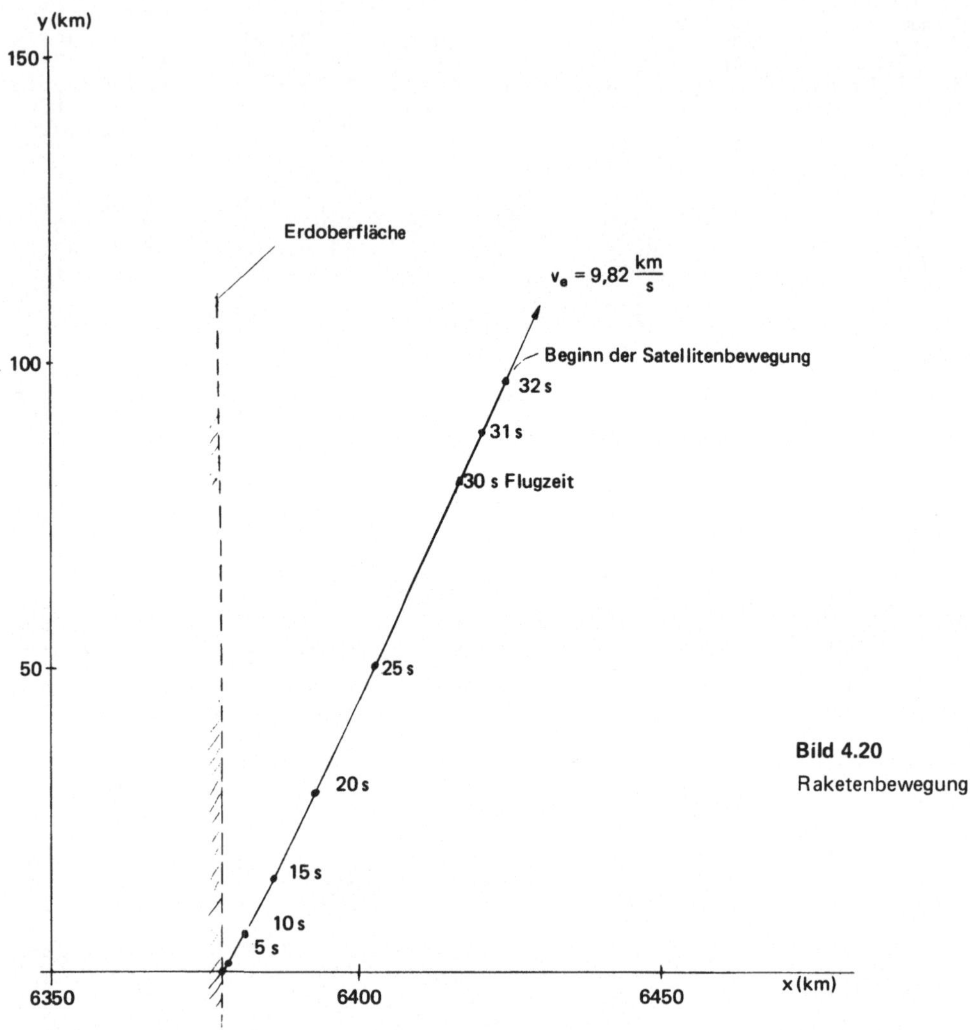

Bild 4.20
Raketenbewegung

Bild 4.20 zeigt graphisch die Flugphase. Nach 32 Sekunden ist der Treibstoff verbrannt und es beginnt eine Satellitenbewegung. Sie läßt sich mit dem Programm aus 4.1.3 weiterverfolgen.

4.2 Kinetik starrer Körper

Unter einem starren Körper versteht man idealisiert einen solchen, der bei Krafteinwirkung keine Formänderung aufweist. Diese Annahme hilft, viele Probleme ausreichend genau zu lösen.

4.2.1 Massenträgheitsmoment

Wir haben bisher Probleme der fortschreitenden Bewegung (Translation) betrachtet. Dabei hatten alle Masseteilchen eines starren Körpers die gleiche Bewegung und wir hatten ihn deshalb als Massenpunkt eingeführt. Wir kommen nun zur Drehung des starren Körpers um eine feste Achse (Rotation). Die beschleunigte Drehung eines starren Körpers in der Ebene um eine feste Achse wird durch die Einwirkung eines Drehmoments M hervorgerufen. Dabei vollführt jedes Massenteilchen dm, nach Bild 4.21, eine beschleunigte Bewegung. Aus der Kinematik wissen wir, daß ein Massenteil auf gekrümmter Bahn, einer Normal- und Tangentialbeschleunigung unterliegt. Dies führt nach dem d'Alembertschen Prinzip zu dem Ansatz

$$dF_t = dm\,a_t \qquad (4.2.1)$$

und

$$dF_n = dm\,a_n. \qquad (4.2.2)$$

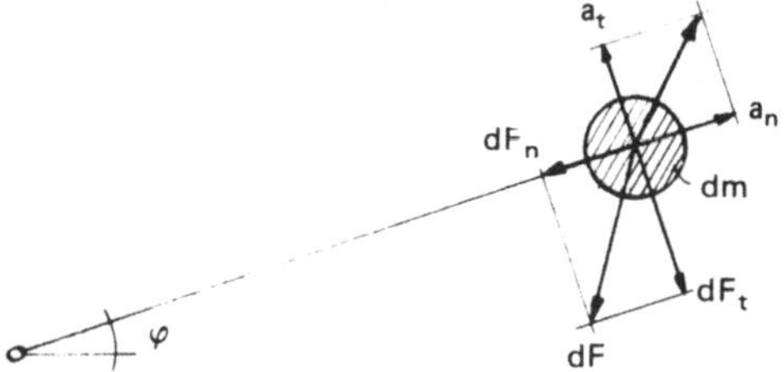

Bild 4.21 Beschleunigte Drehung

Während das Normalkraftdifferential dF_n kein Drehmoment hervorruft, seine Wirkungslinie geht durch den Drehpunkt, ruft das Tangentialkraftdifferential dF_t einen Drehmomentanteil von

$$dM = r\,dF_t \qquad (4.2.3)$$

hervor. Für die Gesamtheit aller Anteile gilt damit

$$M = \int r\,dF_t = \int r\,dm\,a_t. \qquad (4.2.4)$$

Mit

$$a_t = r\,\epsilon. \qquad (4.2.5)$$

Darin ist ϵ die Winkelbeschleunigung, die für alle Masseteile gleich ist, also

$$M = \epsilon \int r^2\,dm. \qquad (4.2.6)$$

Analog zur Massenträgheit bei der Translation, $F = m\,a$, bezeichnet man

$$I_d = \int r^2\,dm \qquad (4.2.7)$$

als Massenträgheitsmoment eines starren Körpers. Genauer, da es sich auf eine Achse bezieht, als axiales Massenträgheitsmoment. Zu beachten ist, daß das Quadrat des Abstandes in die Gleichung eingeht.

Tabelle 4.10 zeigt die Zusammenstellung der Massenträgheitsmomente einfacher Grundkörper. Auch komplizierter gestaltete Körper lassen sich mit den Gleichungen berechnen, da die Summe der Massenträgheitsmomente einzelner Grundkörper gleich dem Massenträgheitsmoment des aus diesen bestehenden starren Körpers ist. Dies liegt an der Eigenschaft des Integrals in Gleichung (4.27). Nicht immer fällt nun die Drehachse des Grundkörpers mit der des starren Körpers zusammen. Dazu be-

Tabelle 4.10 Massenträgheitsmomente (axiale)

Körper	Massenträgheitsmoment
Quader 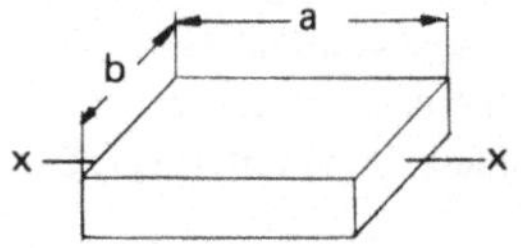	$I_{dx} = \frac{m}{12}(a^2 + b^2)$
Hohlzylinder 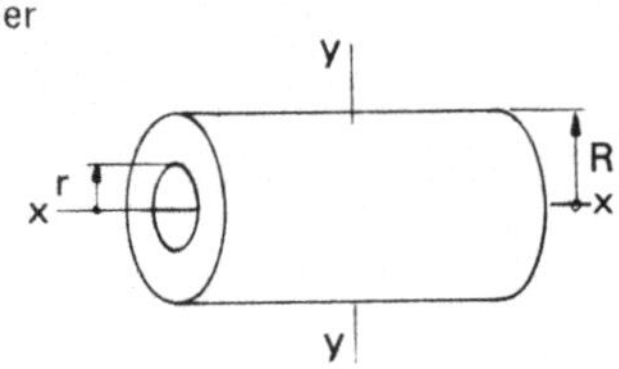	$I_{dx} = \frac{m}{2}(R^2 + r^2)$ $I_{dy} = \frac{m}{4}\left(R^2 + r^2 - \frac{h^2}{3}\right)$
Hohlkugel 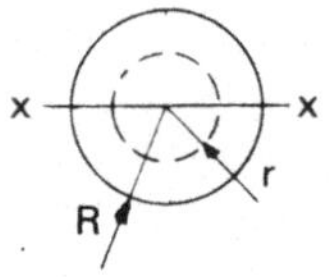	$I_{dx} = 0.4\,m\,\frac{R^5 - r^5}{R^3 - r^3}$
Gerader Kegelstumpf 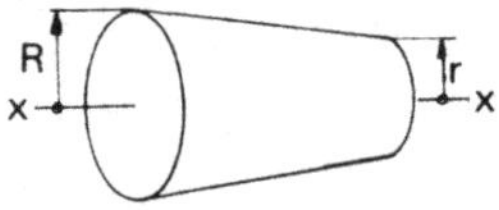	$I_{dx} = 0.3\,m\,\frac{R^5 - r^5}{R^3 - r^3}$
Kreisring 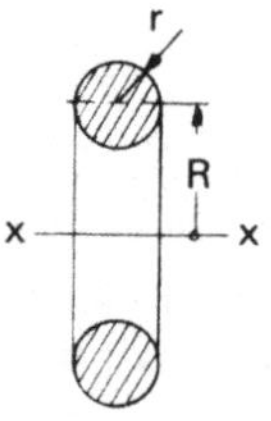	$I_{dx} = m\left(R^2 + \frac{3}{4}r^2\right)$

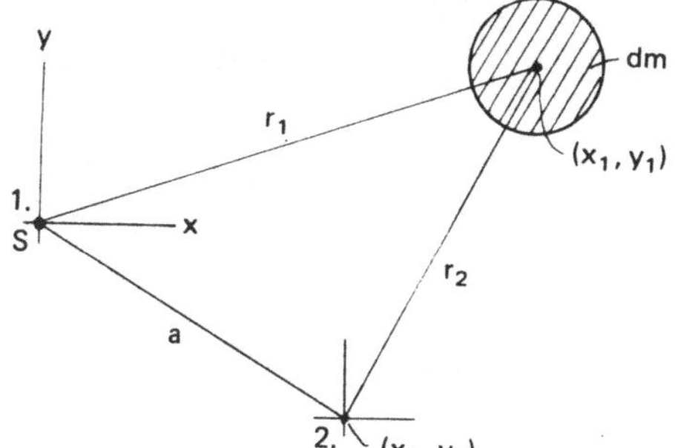

Bild 4.22

trachten wir nach Bild 4.22 das Massenträgheitsmoment bezüglich einer zweiten Achse gegenüber der Schwerpunktsachse. Es gilt für den Radius r_2 die geometrische Beziehung

$$r_2^2 = (x_1 - x_2)^2 + (y_1 - y_2)^2 \tag{4.2.8}$$

$$= x_1^2 - 2 x_1 x_2 + x_2^2 + y_1^2 - 2 y_1 y_2 + y_2^2 \tag{4.2.9}$$

$$= r_1^2 + a^2 - 2 (x_1 x_2 + y_1 y_2), \tag{4.2.10}$$

die eingesetzt in (4.2.7)

$$Id = \int r_1^2 \, dm + a^2 \int dm - 2 \int (x_1 x_2 + y_1 y_2) \, dm \tag{4.2.11}$$

ergibt. Darin ist $\int dm = m$ und $-2 \int (x_1 x_2 + y_1 y_2)\, dm$ das statische Moment des starren Körpers bezüglich des Schwerpunktes, also Null. Damit folgt die, als Satz von Steiner (Verschiebungssatz) bekannte Gesetzmäßigkeit

$$Id_2 = Id_1 + m a^2. \tag{4.2.12}$$

Nun können wir die in Tabelle 4.10 angegebenen Formeln programmieren und mit Hilfe des Steiner'schen Satzes auf jede beliebige Achse umrechnen. Das heißt natürlich, daß die 2. Achse im Abstand a parallel zur 1. Achse verlaufen muß.

Tabelle 4.11 Speicherplatzbelegung

00 m	01 Zwischenspeicher

Nachfolgend soll noch ein Programm zur näherungsweisen Berechnung rotationssymmetrischer Körper jeglicher Querschnittsform aufgestellt werden. Dazu betrachten wir Masseteilchen nach der in Bild 4.23 dargestellten Form und erhalten

$$dm = \delta \, 2 \pi r h(r) \, dr. \tag{4.2.13}$$

In (4.2.7) eingesetzt

$$Id = \delta \, 2\pi \int_{r_1}^{r_2} r^3 h(r) \, dr. \tag{4.2.14}$$

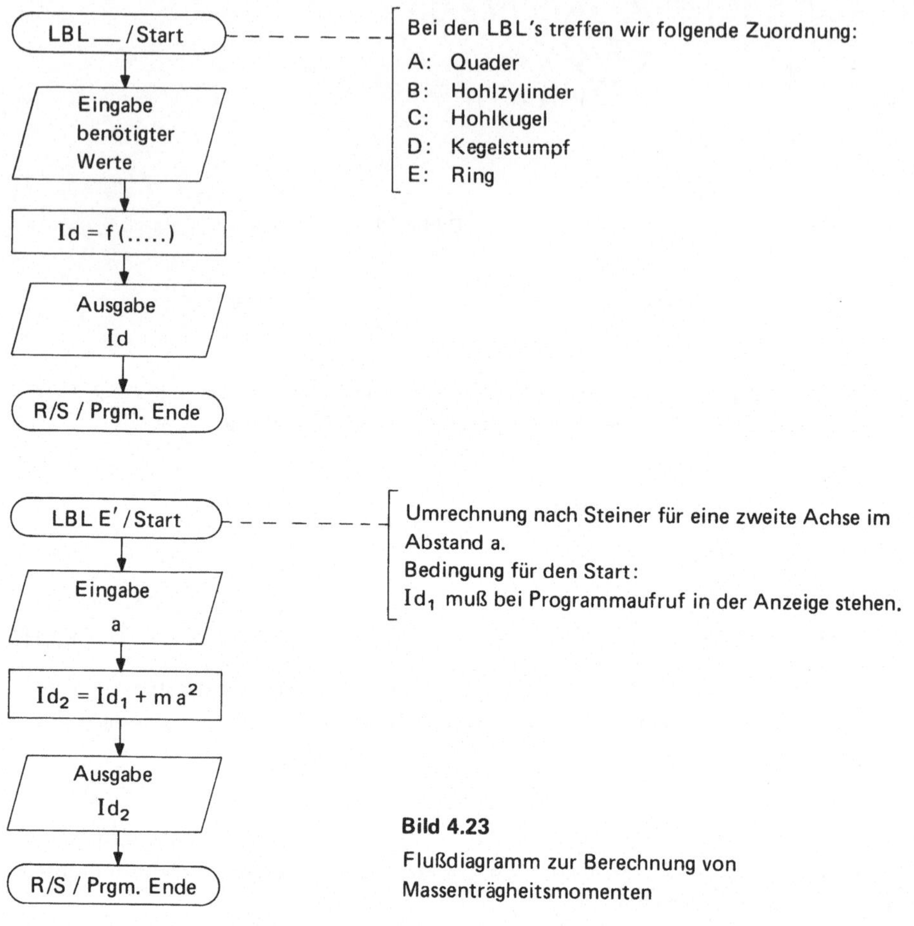

Bild 4.23
Flußdiagramm zur Berechnung von Massenträgheitsmomenten

Ersetzen wir hierin angenähert das Differential durch die Differenz, so erhalten wir

$$Id = \delta\, 2\pi \sum_{r_i = r_1}^{r_i = r_2 - \Delta r} r_i^3\, h(r_i)\, \Delta r. \tag{4.2.15}$$

Diese Formel läßt sich noch genauer gestalten, wenn wir das arithmetische Mittel der beiden Höhen eines Streifenelements bilden

$$Id = \delta\, 2\pi \sum_{r_i = r_1}^{r_i = r_2 - \Delta r} r_i^3\, \frac{h_1(r_i) + h_2(r_i)}{2}\, \Delta r. \tag{4.2.16}$$

Tabelle 4.12

Programm Massenträgheitsmomente

Quader:

```
000  76  LBL
001  11   A
002  91  R/S
003  99  PRT
004  42  STO
005  00   00
006  55   ÷
007  01   1
008  02   2
009  65   ×
010  53   (
011  91  R/S
012  99  PRT
013  33  X^2
014  85   +
015  91  R/S
016  99  PRT
017  33  X^2
018  95   =
019  98  ADV
020  99  PRT
021  91  R/S
```

Hohlzylinder:

```
022  76  LBL
023  12   B
024  91  R/S
025  99  PRT
026  42  STO
027  00   00
028  55   ÷
029  04   4
030  65   ×
031  53   (
032  91  R/S
033  99  PRT
034  33  X^2
035  85   +
036  91  R/S
037  99  PRT
038  33  X^2
039  75   -
040  32  X:T
041  91  R/S
042  99  PRT
043  33  X^2
044  55   ÷
045  03   3
046  95   =
047  32  X:T
048  65   ×
049  43  RCL
050  00   00
051  55   ÷
052  02   2
053  95   =
054  98  ADV
055  99  PRT
056  32  X:T
057  99  PRT
058  91  R/S
```

Hohlkugel:

```
059  76  LBL
060  13   C
061  91  R/S
062  99  PRT
063  42  STO
064  00   00
065  65   ×
066  93   .
067  04   4
068  65   ×
069  53   (
070  53   (
071  91  R/S
072  99  PRT
073  45  Y^X
074  32  X:T
075  05   5
076  75   -
077  91  R/S
078  99  PRT
079  42  STO
080  01   01
081  45  Y^X
082  05   5
083  54   )
084  55   ÷
085  53   (
086  32  X:T
087  45  Y^X
088  03   3
089  75   -
090  43  RCL
091  01   01
092  45  Y^X
093  03   3
094  95   =
095  98  ADV
096  99  PRT
097  91  R/S
```

Kegelstumpf:

```
098  76  LBL
099  14   D
100  91  R/S
101  99  PRT
102  42  STO
103  00   00
104  65   ×
105  93   .
106  03   3
107  65   ×
108  53   (
109  53   (
110  91  R/S
111  99  PRT
112  45  Y^X
113  32  X:T
114  05   5
115  75   -
116  91  R/S
117  99  PRT
118  42  STO
119  01   01
120  45  Y^X
121  05   5
122  54   )
123  55   ÷
124  53   (
125  32  X:T
126  45  Y^X
127  03   3
128  75   -
129  43  RCL
130  01   01
131  45  Y^X
132  03   3
133  95   =
134  98  ADV
135  99  PRT
136  91  R/S
```

Kreisring:

```
137  76  LBL
138  15   E
139  91  R/S
140  99  PRT
141  42  STO
142  00   00
143  65   ×
144  53   (
145  91  R/S
146  99  PRT
147  33  X^2
148  85   +
149  03   3
150  65   ×
151  91  R/S
152  99  PRT
153  33  X^2
154  55   ÷
155  04   4
156  95   =
157  98  ADV
158  99  PRT
159  91  R/S
```

Verschiebesatz:

```
160  76  LBL
161  10  E'
162  99  PRT
163  85   +
164  43  RCL
165  00   00
166  99  PRT
167  65   ×
168  91  R/S
169  99  PRT
170  33  X^2
171  95   =
172  98  ADV
173  99  PRT
174  91  R/S
```

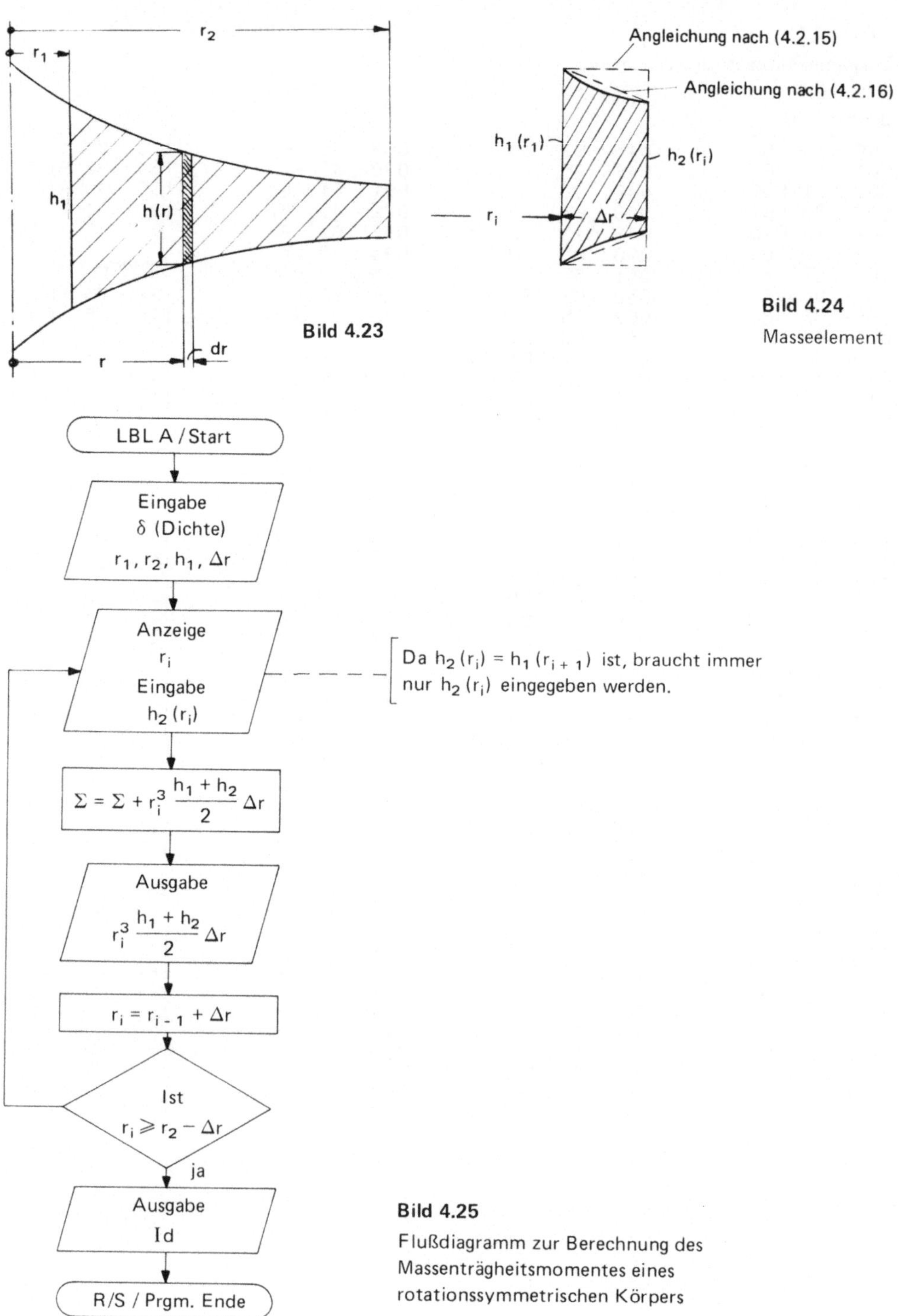

Bild 4.23

Bild 4.24
Masseelement

Bild 4.25
Flußdiagramm zur Berechnung des Massenträgheitsmomentes eines rotationssymmetrischen Körpers

Tabelle 4.13 Speicherplatzbelegung

00
01 δ
02 r_1/r_i
03 $r_2 - \Delta r$
04 Δr
05 Σ
06 $h_1 (r_i)$

Tabelle 4.14 Programm Massenträgheitsmoment eines rotationssymmetrischen Körpers

Start/Eingabe:

```
000  76  LBL
001  11   A
002  47  CMS
003  91  R/S
004  99  PRT
005  42  STO
006  01   01
007  91  R/S
008  99  PRT
009  42  STO
010  02   02
011  91  R/S
012  99  PRT
013  75   -
014  91  R/S
015  99  PRT
016  42  STO
017  04   04
018  95   =
019  42  STO
020  03   03
021  91  R/S
022  99  PRT
023  42  STO
024  06   06
025  98  ADV
```

Anzeige/Eingabe:

```
026  76  LBL
027  43  RCL
028  03   3
029  32  X:T
030  43  RCL
031  02   02
032  45  Yx
033  99  PRT
034  91  R/S
035  99  PRT
```

Berechnung:

```
036  32  X:T
037  95   =
038  65   x
039  53   (
040  43  RCL
041  06   06
042  85   +
043  32  X:T
044  42  STO
045  06   06
046  54   )
047  55   ÷
048  02   2
049  95   =
050  99  PRT
051  98  ADV
```

Summe:

```
052  65   x
053  43  RCL
054  04   04
055  95   =
056  44  SUM
057  05   05
```

Abfrage/Ende:

```
058  43  RCL
059  03   03
060  32  X:T
061  43  RCL
062  02   02
063  77   GE
064  99  PRT
065  43  RCL
066  04   04
067  44  SUM
068  02   02
069  61  GTO
070  43  RCL
```

Endausgabe:

```
071  76  LBL
072  99  PRT
073  43  RCL
074  05   05
075  65   x
076  43  RCL
077  01   01
078  65   x
079  02   2
080  65   x
081  89   π
082  95   =
083  98  ADV
084  99  PRT
085  91  R/S
```

4.2.2 Das physikalische Pendel

Wird ein Körper außerhalb seines Schwerpunktes drehbar gelagert, siehe Bild 4.26, so führt er, unter Auslenkung aus seiner stabilen Lage, Schwingungen ähnlich denen des Fadenpendels durch. Es gilt analog

$$I_d \epsilon = -m g l \sin\varphi \qquad (4.2.17)$$

$$\frac{d\omega}{dt} = -\frac{m g l}{I_d} \sin\varphi. \qquad (4.2.18)$$

Nach der Euler-Cauchy-Methode folgt

$$\Delta\omega = -\frac{m g l}{I_d} \sin\varphi \qquad (4.2.19)$$

die Differenzengleichung der Bewegung. Wenn wir diese mit der des Fadenpendels vergleichen, Gleichung (4.1.31), und eine reduzierte Pendellänge, der Art

$$l_{red} = \frac{Id}{m\,l} \qquad (4.2.20)$$

einführen, ergibt sich

$$\Delta\omega = -\frac{g}{l_{red}} \sin\varphi \cdot \Delta t \qquad (4.2.21)$$

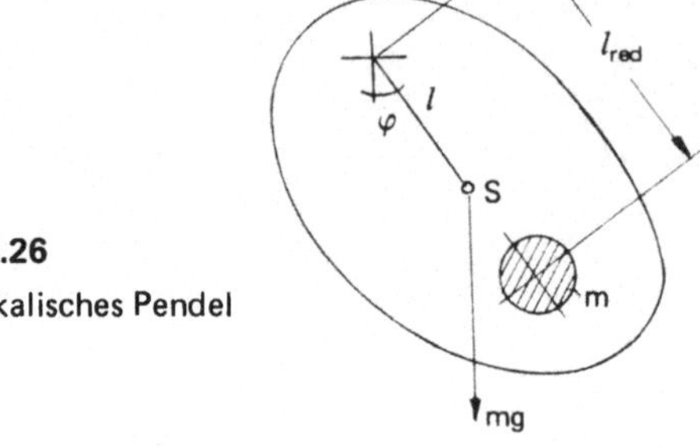

Bild 4.26
Physikalisches Pendel

eine Übereinstimmung. Es ist also kein neues Programm notwendig, sondern wir können unter Benutzung der reduzierten Pendellänge nach (4.2.20) das Programm Fadenpendel benutzen.

4.2.3 Reduzierte Masse und Schwungmoment

Betrachten wir noch einmal Gleichung (4.2.7). Darin ist der Radius r abhängig von der Lage des Massenelements dm. Stellt man sich nun die gesamten Masseteilchen dm auf einem konstanten Radius vor, etwa wie bei einem Zylinder mit sehr geringer Wandstärke, so läßt sich schreiben

$$Id = r^2 \int dm. \qquad (4.2.22)$$

Die Größe $\int dm$ ergibt sich damit für ein bekanntes I und einen beliebig gewählten Radius r zu

$$\int dm = \frac{Id}{r^2} = m_{red} \qquad (4.2.23)$$

und wird als reduzierte Masse bezeichnet. Mit der Annahme, daß die reduzierte Masse der Masse des Drehkörpers entspricht, ergibt sich nach (4.2.23) ein bestimmter Radius

$$i = \sqrt{\frac{Id}{m}}, \qquad (4.2.24)$$

der als Trägheitsradius bezeichnet wird. Unter Definition eines Trägheitsdurchmessers

$$D_i = 2i, \qquad (4.2.25)$$

folgt eingesetzt

$$mD_i^2 = 4Id. \qquad (4.2.26)$$

Diese Größe wird allgemein als Schwungmoment bezeichnet. Danach können wir das unter 4.2.1 aufgestellte Programm um die in Bild 4.27 dargestellten Programmteile ergänzen.

Tabelle 4.15
Speicherplatzbelegung

00 m

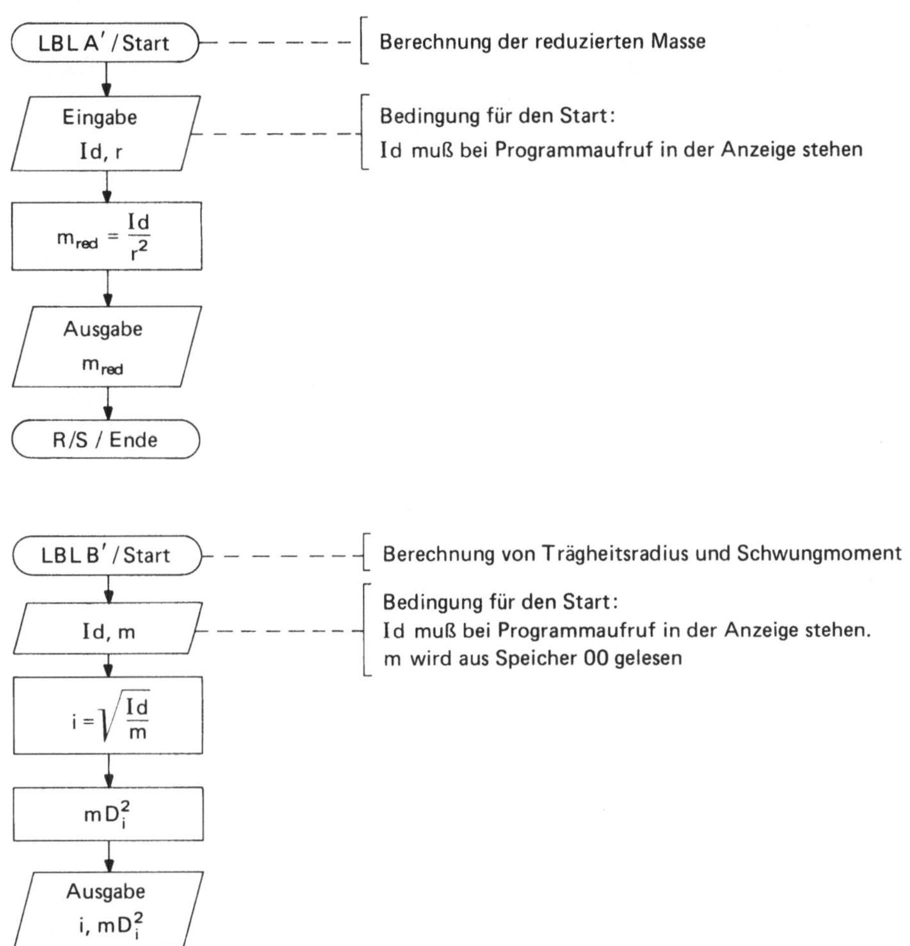

Bild 4.27
Flußdiagramm zu reduzierte Masse/Schwungmoment

Tabelle 4.16 Programm reduzierte Masse/Schwungmoment

reduzierte Masse:

175	76	LBL
176	16	A'
177	99	PRT
178	55	÷
179	91	R/S
180	99	PRT
181	33	X^2
182	95	=
183	98	ADV
184	99	PRT
185	91	R/S

Schwungmoment:

186	76	LBL
187	17	B'
188	99	PRT
189	55	÷
190	43	RCL
191	00	00
192	99	PRT
193	95	=
194	34	√X
195	98	ADV
196	99	PRT
197	65	×
198	02	2
199	95	=
200	33	X^2
201	65	×
202	43	RCL
203	00	00
204	95	=
205	99	PRT
206	91	R/S

4.2.4 Deviationsmomente

Bei rotierenden, starren Körpern wird auch nach der auftretenden Lagerreaktion oder den inneren Spannungen gefragt. Dies führt zu folgender Überlegung. Wird ein, nach Bild 4.28, um die z-Achse rotierender Körper, plötzlich zu einer weiteren Achse, z.B. zur x-Achse, fest fixiert, so würde ein Masseteilchen des Körpers das Momentdifferential

$$dM_x = z\,dF_y \qquad (4.2.27)$$

bewirken. Der Kraftanteil ergibt sich aus

$$dF_y = dF_n \sin\varphi + dF_t \cos\varphi. \qquad (4.2.28)$$

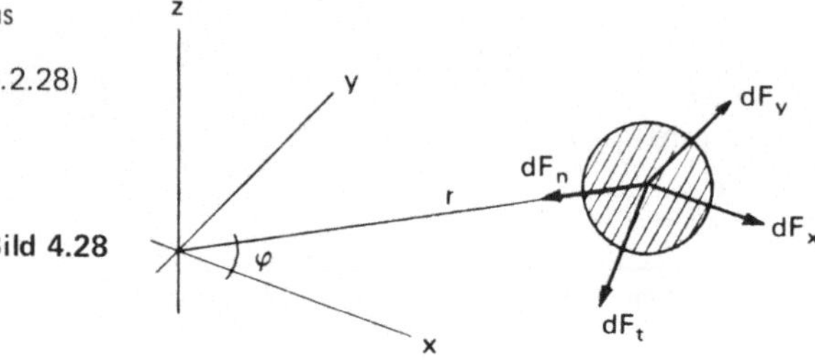

Bild 4.28

Die zum Mittelpunkt der Bahn weisende Führungskraft Fn, hier Zentripetalkraft genannt, ergibt sich nach dem d'Alembertschen Prinzip aus der Normal- bzw. Zentripetalbeschleunigung. Diese wiederum nach den Ansätzen aus der Kinematik zu

$$dF_n = a_n\,dm = r\,\omega^2\,dm. \qquad (4.2.29)$$

Analog folgt für den Tangentialkraftanteil

$$dF_t = a_t\,dm = r\,\epsilon\,dm. \qquad (4.2.30)$$

Für alle Masseteile damit

$$M_x = \int z\,dF_y = \int z r \omega^2\,dm \sin\varphi + \int z r \epsilon\,dm \cos\varphi. \qquad (4.2.31)$$

Da ω und ϵ für alle Teile gleich, folgt

$$M_x = \omega^2 \int zy\,dm + \epsilon \int zx\,dm. \qquad (4.2.32)$$

Darin bezeichnet man allgemein, analog zum Massenträgheitsmoment,

$$Id_{xz} = \int xz\,dm \qquad (4.2.33)$$

als Deviations- oder Zentrifugalmoment. Der Sonderfall

$$Id_{xx} = \int x^2\,dm \qquad (4.2.34)$$

wird als polares Trägheitsmoment bezeichnet. Analog zum Massenträgheitsmoment wollen wir auch hier ein entsprechendes Programm für die in Tabelle 4.17 dargestellten Deviationsmomente einfacher Grundkörper aufstellen. Diese wenigen sollen als Beispiel genügen. Analog zum Steinerschen Satz gilt auch hier, siehe Bild 4,29,

$$Id_{\alpha\beta} = Id_{xy} + mab. \qquad (4.2.35)$$

Da die Programme den gleichen Aufbau wie Bild 4.23 haben, erspare ich mir an dieser Stelle ein Flußdiagramm.

Tabelle 4.17 Deviationsmomente

Körper	Deviationsmoment
Quader	$Id_{xy} = -\frac{m}{4}\,ab$
Keil	$Id_{xy} = -\frac{ma^2}{12}$ $Id_{xz} = Id_{yz} = 0$
Kugeloktant	$Id_{xy} = -\frac{2mr^2}{5\pi}$

Tabelle 4.18
Speicherplatzbelegung

00 m

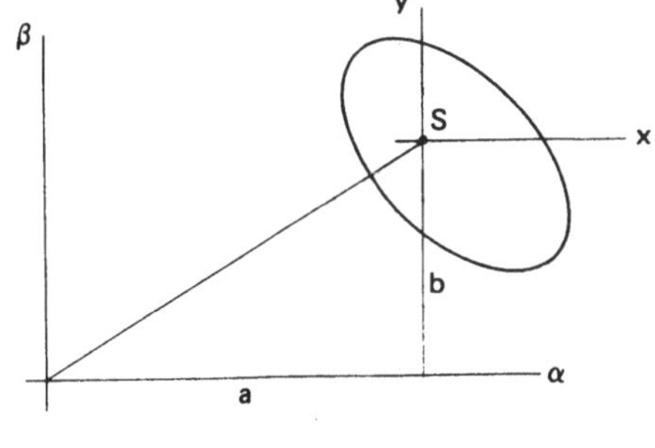

Bild 4.29

Tabelle 4.19 Programm Deviationsmomente

Quader:			Keil:			Kugeloktant:			Verschiebung:		
000	76	LBL	019	76	LBL	037	76	LBL	058	76	LBL
001	11	A	020	12	B	038	13	C	059	10	E'
002	91	R/S	021	91	R/S	039	91	R/S	060	99	PRT
003	99	PRT	022	99	PRT	040	99	PRT	061	85	+
004	42	STO	023	42	STO	041	42	STO	062	43	RCL
005	00	00	024	00	00	042	00	00	063	00	00
006	94	+/-	025	94	+/-	043	94	+/-	064	65	×
007	55	÷	026	65	×	044	65	×	065	91	R/S
008	04	4	027	91	R/S	045	02	2	066	99	PRT
009	65	×	028	99	PRT	046	65	×	067	65	×
010	91	R/S	029	33	X^2	047	91	R/S	068	91	R/S
011	99	PRT	030	55	÷	048	99	PRT	069	99	PRT
012	65	×	031	01	1	049	33	X^2	070	95	=
013	91	R/S	032	02	2	050	55	÷	071	98	ADV
014	99	PRT	033	95	=	051	05	5	072	99	PRT
015	95	=	034	98	ADV	052	55	÷	073	91	R/S
016	98	ADV	035	99	PRT	053	89	π			
017	99	PRT	036	91	R/S	054	95	=			
018	91	R/S				055	98	ADV			
						056	99	PRT			
						057	91	R/S			

4.2.5 Massenkräfte beim Kurbeltrieb und ihr Ausgleich

Der Kurbeltrieb dient zur Umwandlung von Schub- in Drehbewegung und umgekehrt. Wir wollen an dieser Stelle speziell den Bewegungsablauf eines Kolbenmotors betrachten. Der algebraische Ausdruck für die reale Kolbenbewegung ergibt sich, unter Betrachtung von Bild 4.30, aus folgender Ableitung

$$x = l + r - l\cos\beta - r\sin\varphi \tag{4.2.36}$$

$$\lambda = \frac{r}{l} = \frac{\sin\beta}{\cos\varphi} \tag{4.2.37}$$

$$\cos\beta = \sqrt{1 - \lambda^2\cos^2\varphi} \tag{4.2.38}$$

$$x = r(1 - \sin\varphi) + l(1 - \sqrt{1 - \lambda^2\cos^2\varphi}), \tag{4.2.39}$$

bzw. bei allgemeiner Phasenverschiebung um α

$$x = r(1 - \sin(\varphi - \alpha)) + l(1 - \sqrt{1 - \lambda^2\cos^2(\varphi - \alpha)}). \tag{4.2.40}$$

Geschwindigkeit und Beschleunigung ergeben sich wiederum angenähert aus den Differenzenquotienten

$$v = \frac{\Delta x}{\Delta t} \tag{4.2.41}$$

und

$$a = \frac{\Delta v}{\Delta t} \tag{4.2.42}$$

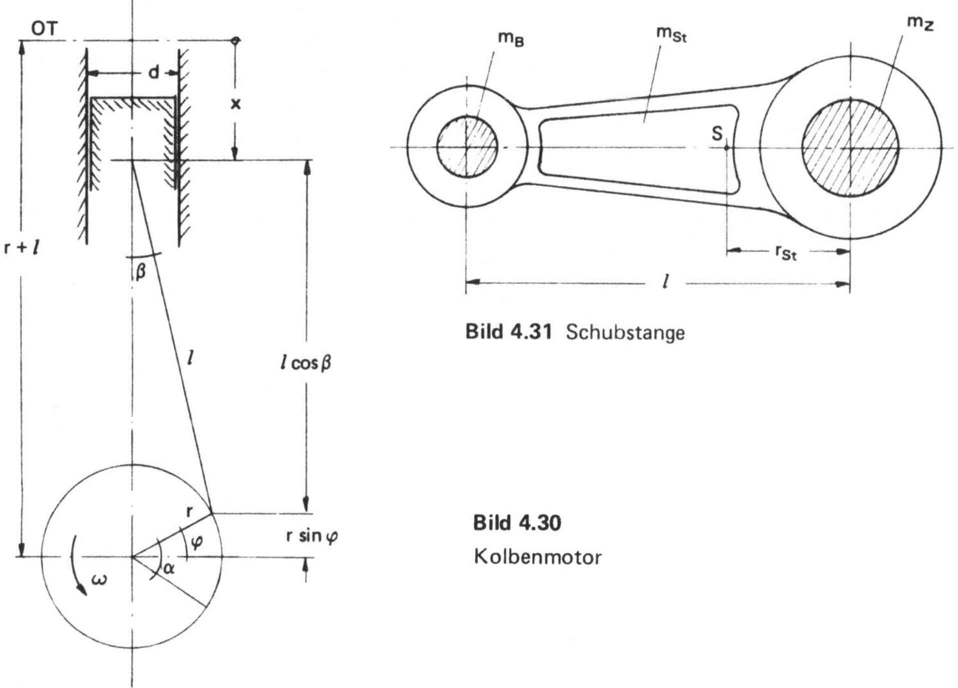

Bild 4.31 Schubstange

Bild 4.30
Kolbenmotor

Den Bewegungen der Triebwerksteile gemäß, werden oszillierende und rotierende Massen unterschieden. Danach ergibt sich die oszillierende Masse aus

$$m_0 = m_{St}\,\frac{r_{St}}{l} + m_K + m_B. \tag{4.2.43}$$

Darin ist m_{St} der Massenanteil der Schubstange, der nach Bild 4.31 durch den Faktor r_{St}/l seinen oszillierenden Anteil hat, m_K die Kolbenmasse und m_B die Kolbenbolzenmasse. Die rotierenden Massenteile setzen sich aus

$$m_R = m_{St}\,\frac{l - r_{St}}{l} + m_W\,\frac{r_W}{r} + m_Z + m_N \tag{4.2.44}$$

zusammen. Darin ist $m_{St}(l - r_{St})/l$ der rotierende Massenanteil der Schubstange, m_W die Kurbelwangenmasse, die nach Bild 4.32 durch den Faktor r_W/r auf den Drehmittelpunkt reduziert werden muß, m_Z die Kurbelzapfenmasse und m_N die Nadellagermasse. Die oszillierende Massenkraft heißt damit

$$F_0 = m_0\,a_k \tag{4.2.45}$$

und die rotierende Massenkraft

$$F_R = m_R\,r\,\omega^2. \tag{4.2.46}$$

Die auf den Kolben einwirkende Kraft, z.B. durch Zündung eines Gasgemisches und der damit verbundenen Druckzunahme, sorgt für eine Entspannungsbewegung des Systems, d.h. eine Vergrößerung des Zylinderraumes durch Kolbenbewegung. Die Kraft liegt in der Regel indirekt als Indikator-

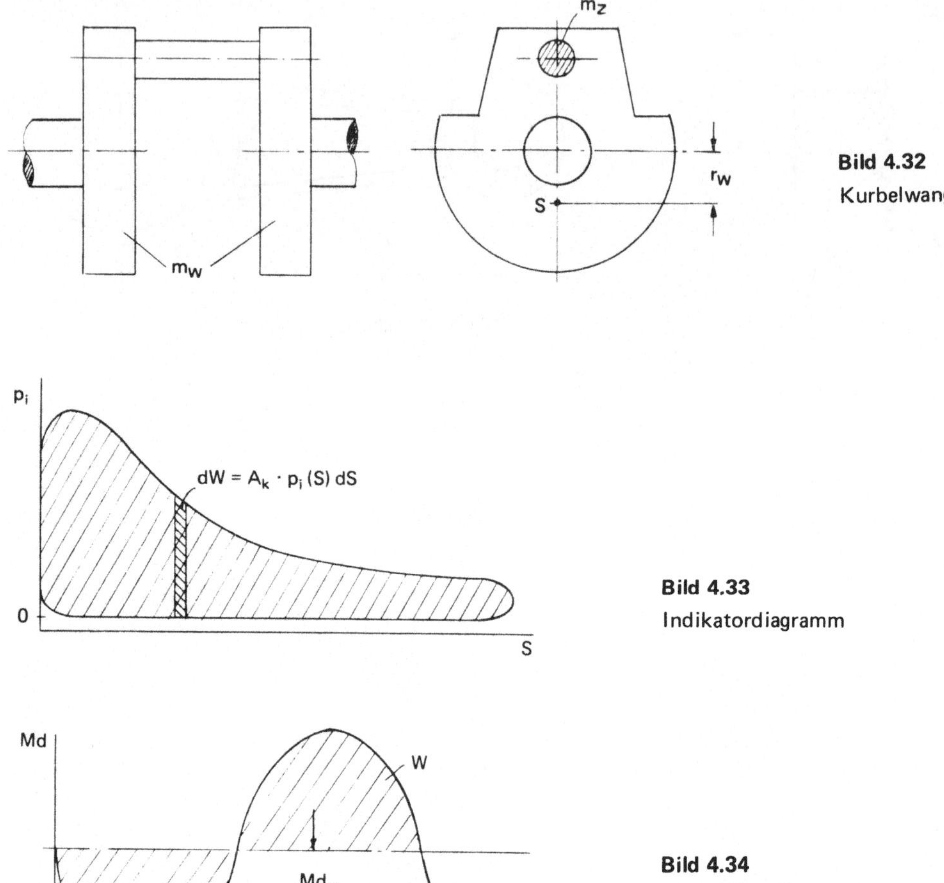

Bild 4.32
Kurbelwange

Bild 4.33
Indikatordiagramm

Bild 4.34
Drehmomentenverlauf

diagramm (Bild 4.33) vor. Diese praktische Meßwertaufnahme zeigt den Zylinderdruck über dem Weg. Die obere Kurve stellt die Entspannungsphase und die untere die Kompressionsphase dar. Die schraffierte Fläche ist ein Maß für die geleistete Arbeit. Die Kolbenkraft ergibt sich über die Kolbenfläche und den indizierten Druck zu

$$F_k = \frac{\pi d^2}{4} p_i. \qquad (4.2.47)$$

Die Kompressionsphase wird durch die in einem Schwungrad bei der Entspannungsphase gespeicherte Energie übernommen. Das Schwungrad ist für die Laufruhe eines Motors von entscheidender Wichtigkeit. Durch die Triebwerksbewegung und durch die Veränderung des indizierten Drucks ergeben sich Drehmomentenverläufe, wie sie Bild 4.34 wiedergibt. Daraus resultiert ein mittleres

Drehmoment Md_m. Die Abweichungen von diesem kennzeichnen das Arbeitsvermögen W. Dieses wiederum bestimmt das Trägheitsmoment der Schwungscheibe. Aus der vorhandenen Winkelgeschwindigkeit und einem angenommenem Ungleichförmigkeitsgrad ergibt sich das Trägheitsmoment aus der Gleichung

$$Id = \frac{W}{\delta\,\omega^2}. \qquad (4.2.48)$$

Der Ungleichförmigkeitsgrad ist das Verhältnis der Differenzen der größten und kleinsten Winkelgeschwindigkeit der Schwungmassen ω_{max} bzw. ω_{min} zu ihrem Mittelwert. Er wird aus Erfahrung bestimmt. Der Durchmesser der Schwungscheibe nach Bild 4.35 ergibt sich aus der Ableitung

$$Id = \frac{\pi}{32}\,\frac{m_s}{g}\,(D^4 - d^4)\,b \qquad (4.2.49)$$

zu

$$D = \sqrt[4]{\frac{32\,Id}{\pi\,\frac{m_s}{g}\,b} + d^4}. \qquad (4.2.50)$$

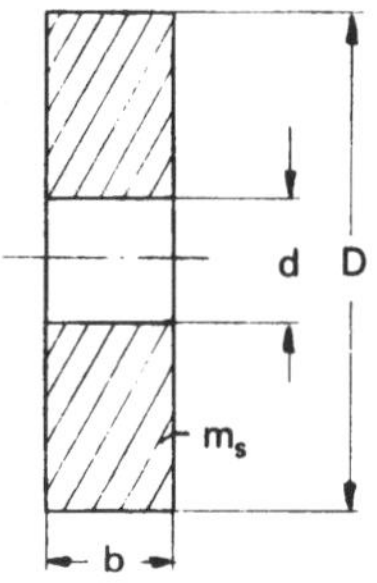

Bild 4.35
Schwungscheibe

Kommen wir zum konkreten Programm. Dazu wollen wir, mittels vorhandenen Drucks, die Bewegungsverhältnisse des Kurbeltriebs wiedergeben. Die Druckeingabe soll dabei durch ein Unterprogramm geschehen, um diesen nach einem vorliegenden Indikatordiagramm oder mittels funktionaler Verhältnisse anzugeben. Bild 4.36 zeigt das entsprechende Flußdiagramm.

Tabelle 4.20 Speicherplatzbelegung

00 Δt	05 r	10 F_i	15 v_{ki}
01 $\Delta\varphi$	06 l	11 β_i	16 $\Sigma Md\,\Delta\varphi$
02 φ	07 d_k	12 F_{Sti}	17 $\Sigma\omega$
03 m_R	08 x	13 $90 - \varphi_i - \beta_i$	18 n
04 m_0	09 Δx	14 t_i	19 φ_0

4.2.6 Realer Stoß fester Körper

Das Zusammentreffen zweier bewegter Massen m_1 und m_2, bezeichnet man als Stoß. Dieser Vorgang unterteilt sich in zwei Phasen. Dies zeigt Bild 4.37. Die in der Realität teilelastischen und teilplastischen Massen m_1 und m_2, verlieren einen Teil ihrer kinetischen Energie durch Umformarbeit. Am Ende der ersten Phase bewegen sich beide Körper mit der Geschwindigkeit

$$u = \frac{m_1 v_1 + m_2 v_2}{m_1 + m_2}. \qquad (4.2.51)$$

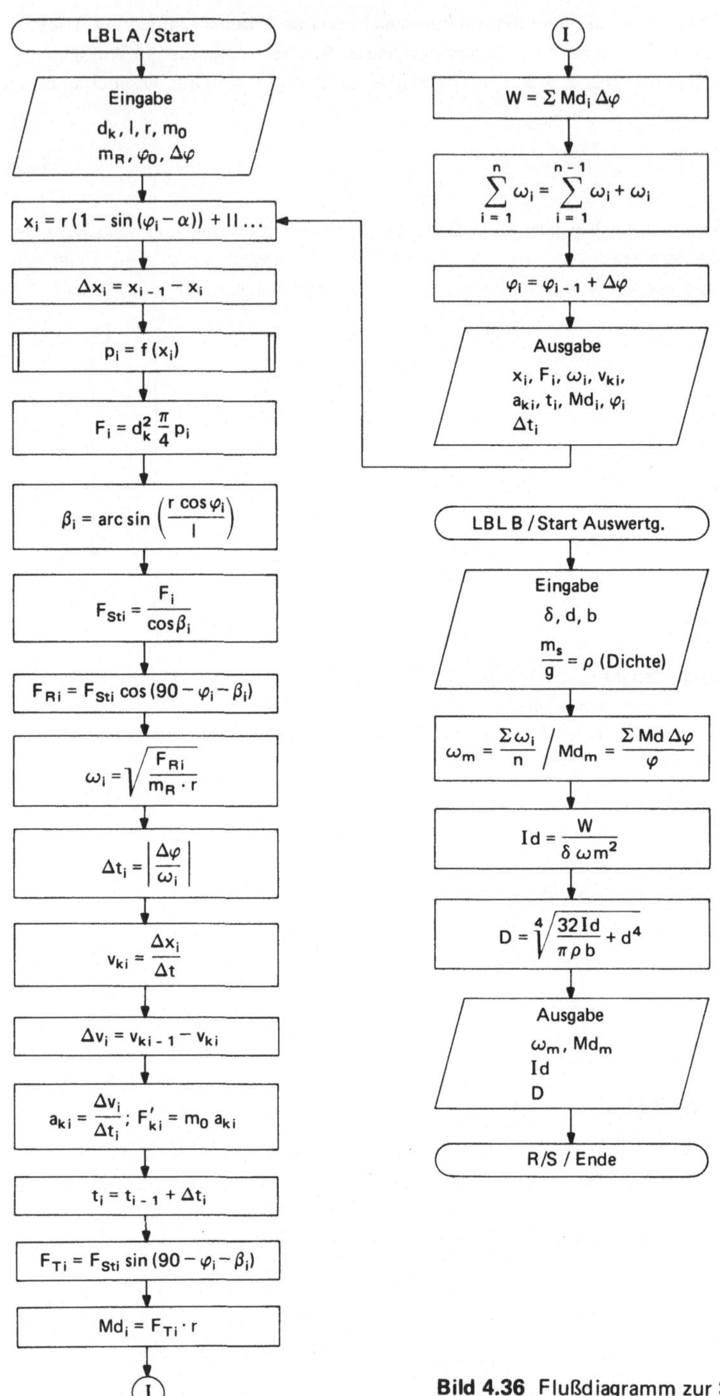

Bild 4.36 Flußdiagramm zur Schubkurbelbewegung

Tabelle 4.21 Programm Schubkurbel

Start/Eingabe:

```
000  76  LBL
001  11  A
002  47  CMS
003  07  7
004  42  STO
005  00  00
006  91  R/S
007  99  PRT
008  72  ST*
009  00  00
010  97  DSZ
011  00  00
012  00  00
013  06  06
014  98  ADV
```

Ausgabe φ_i:

```
015  43  RCL
016  02  02
017  42  STO
018  19  19
```

Berechnung x:

```
019  71  SBR
020  16  A'
```

Rücksprungmarke:

```
021  76  LBL
022  43  RCL
```

Berechnung x:

```
023  71  SBR
024  16  A'
025  43  RCL
026  02  02
027  99  PRT
028  43  RCL
029  08  08
030  99  PRT
```

Eingabe p_i:

```
031  71  SBR
032  15  E
```

F_i:

```
033  65  ×
034  43  RCL
035  07  07
036  33  X²
037  65  ×
038  89  π
039  55  ÷
040  04  4
041  95  =
042  99  PRT
043  42  STO
044  10  10
```

β_i:

```
045  43  RCL
046  05  05
047  65  ×
048  43  RCL
049  02  02
050  39  COS
051  55  ÷
052  43  RCL
053  06  06
054  95  =
055  22  INV
056  38  SIN
057  42  STO
058  11  11
```

F_{Sti}:

```
059  39  COS
060  35  1/X
061  65  ×
062  43  RCL
063  10  10
064  95  =
065  42  STO
066  12  12
```

F_{Ri}:

```
067  65  ×
068  53  (
069  09  9
070  00  0
071  75  -
072  43  RCL
073  02  02
074  75  -
075  43  RCL
076  11  11
077  54  )
078  42  STO
079  13  13
080  39  COS
081  95  =
082  99  PRT
```

ω_i:

```
083  55  ÷
084  43  RCL
085  03  03
086  55  ÷
087  43  RCL
088  05  05
089  95  =
090  50  I×I
091  34  √X
092  99  PRT
093  44  SUM
094  17  17
```

t_i, Δt_i:

```
095  32  X⇌T
096  00  0
097  67  EQ
098  22  INV
099  32  X⇌T
100  35  1/X
101  65  ×
102  43  RCL
103  01  01
104  95  =
105  50  I×I
106  76  LBL
107  22  INV
108  99  PRT
109  42  STO
110  00  00
111  44  SUM
112  14  14
```

v_{ki}, a_{ki}:

```
113  35  1/X
114  65  ×
115  43  RCL
116  09  09
117  95  =
118  99  PRT
119  48  EXC
120  15  15
121  75  -
122  43  RCL
123  15  15
124  95  =
125  55  ÷
126  43  RCL
127  00  00
128  95  =
129  99  PRT
```

F_0:

```
130  65  ×
131  43  RCL
132  04  04
133  95  =
134  99  PRT
```

Md:

```
135  43  RCL
136  13  13
137  38  SIN
138  65  ×
139  43  RCL
140  12  12
141  65  ×
142  43  RCL
143  05  05
144  95  =
145  99  PRT
```

Abschluß:

```
146  65  ×
147  43  RCL
148  01  01
149  95  =
150  44  SUM
151  16  16
152  43  RCL
153  14  14
154  99  PRT
155  01  1
156  44  SUM
157  18  18
158  43  RCL
159  01  01
160  44  SUM
161  02  02
162  98  ADV
163  61  GTO
164  43  RCL
```

Unterprogramm
Berechnung x:

```
165  76  LBL
166  16  A'
167  53  (
168  43  RCL
169  05  05
170  65  ×
171  53  (
172  01  1
173  75  -
174  43  RCL
175  02  02
176  38  SIN
177  54  )
178  85  +
179  43  RCL
180  06  06
181  65  ×
182  53  (
183  01  1
184  75  -
185  53  (
186  01  1
187  75  -
188  53  (
189  43  RCL
190  05  05
191  55  ÷
192  43  RCL
193  06  06
194  54  )
195  33  X²
196  65  ×
197  43  RCL
198  02  02
199  39  COS
200  33  X²
```

```
201   54   )
202   34   ΓX
203   54   )
204   54   )
205   48   EXC
206   08   08
207   75   -
208   43   RCL
209   08   08
210   54   )
211   42   STO
212   09   09
213   92   RTN
```

Unterprogramm
Eingabe p_i:

```
214   76   LBL
215   15   E
216   91   R/S
217   99   PRT
218   92   RTN
```

Auswertungsprogramm

```
240   76   LBL
241   12   B
242   98   ADV
243   98   ADV
244   98   ADV
245   43   RCL
246   17   17
247   55   ÷
248   43   RCL
249   18   18
250   95   =
251   99   PRT
252   42   STO
253   00   00
254   43   RCL
255   16   16
256   55   ÷
257   53   (
258   43   RCL
259   02   02
260   75   -
261   43   RCL
262   19   19
263   54   )
264   95   =
265   99   PRT
266   98   ADV
267   43   RCL
268   16   16
269   50   I×I
270   55   ÷
271   43   RCL
272   00   00
273   33   X²
274   55   ÷
275   91   R/S
276   99   PRT
277   95   =
278   98   ADV
279   99   PRT
280   98   ADV
281   65   ×
282   03   3
283   02   2
284   55   ÷
285   89   π
286   91   R/S
287   99   PRT
288   55   ÷
289   91   R/S
290   99   PRT
291   85   +
292   91   R/S
293   99   PRT
294   45   Y×
295   04   4
296   95   =
297   45   Y×
298   93   .
299   02   2
300   05   5
301   95   =
302   98   ADV
303   99   PRT
304   91   R/S
```

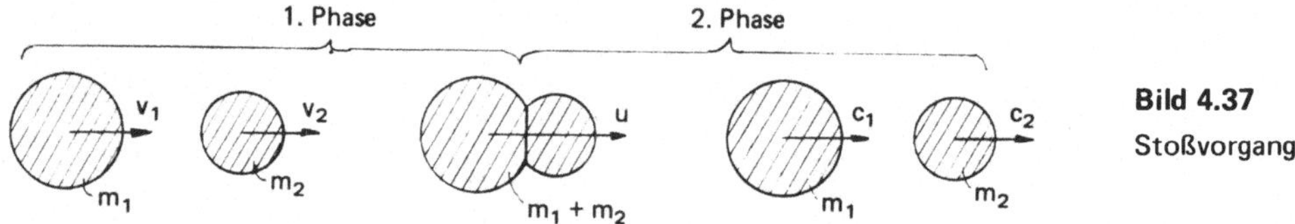

Bild 4.37
Stoßvorgang

Danach wird der elastische Anteil der Umformarbeit wieder in kinetische Energie umgesetzt und die Geschwindigkeiten der Massen lauten zum Ende der zweiten Phase

$$c_1 = u - \frac{k\,(v_1 - v_2)\,m_2}{m_1 + m_2} \tag{4.2.52}$$

und

$$c_2 = u + \frac{k\,(v_1 - v_2)\,m_1}{m_1 + m_2}. \tag{4.2.53}$$

Dabei sind die Vorzeichen der Geschwindigkeitsrichtungen zu beachten. Aus der Energiebilanz folgt der Energieverlust beim Stoß

$$\Delta E = \frac{m_1\,m_2}{m_1 + m_2}\,\frac{(v_1 - v_2)^2}{2}\,(1 - k^2). \tag{4.2.54}$$

Der in diesen Gleichungen enthaltene Stoßfaktor k berücksichtigt die plastischen und elastischen Eigenschaften der Massen. Er ergibt sich aus den Relativgeschwindigkeiten vor und nach dem Stoß zu

$$k = \frac{c_2 - c_1}{v_1 - v_2}. \tag{4.2.55}$$

Mit Hilfe dieser Gleichung läßt er sich durch ein einfaches Experiment bestimmen. Nach Bild 4.38 fällt eine Masse m_1 aus der Höhe h_1 auf eine Unterlage m_2. Aus der Relation der Rücksprunghöhe h_2 zur Fallhöhe h_1, über die Umrechnung der potentiellen in kinetische Energien vor und nach dem Stoß, bestimmt sich der Faktor aus

$$k = \sqrt{\frac{h_1}{h_2}}. \qquad (4.2.56)$$

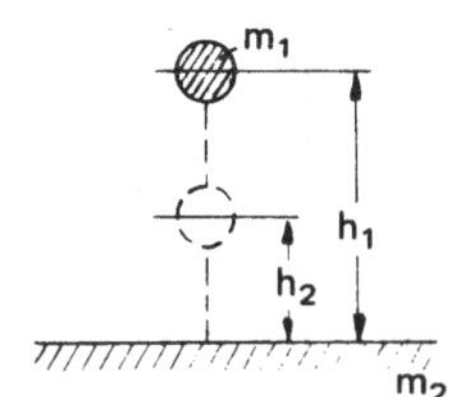

Bild 4.38
Experimentelle Bestimmung des Stoßfaktors

Häufige Stoßzahlen zeigt Tabelle 4.22. Der Berechnungsalgorithmus folgt in Bild 4.39.

Tabelle 4.22
Stoßfaktoren

Material	k
Elfenbein	8/9
Stahl	5/8
Kork	5/9
Glas	15/16

Tabelle 4.23
Speicherplatzbelegung

00	Zähler/$m_1 + m_2$	03	m_2
01	k	04	v_1
02	v_2	05	m_1
		06	$k(v_1 - v_2)$

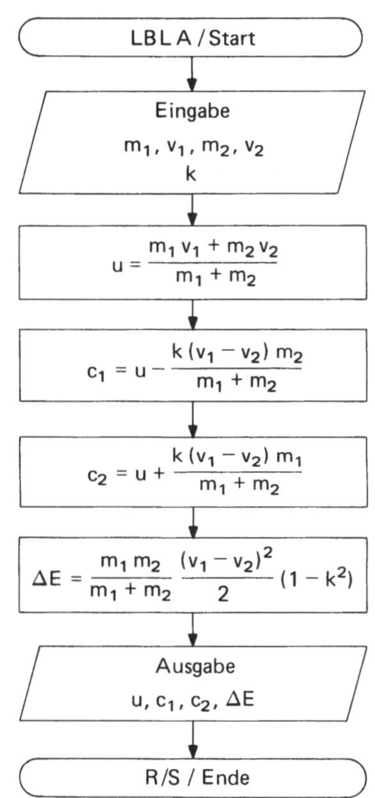

Bild 4.39
Flußdiagramm zum Stoßvorgang

Tabelle 4.24 Programm Stoßvorgang

000	76	LBL	026	95	=	052	54	)	078	43	RCL
001	11	A	027	55	÷	053	42	STO	079	03	03
002	47	CMS	028	53	(	054	06	06	080	55	÷
003	05	5	029	43	RCL	055	65	×	081	43	RCL
004	42	STO	030	05	05	056	43	RCL	082	00	00
005	00	00	031	85	+	057	03	03	083	65	×
006	91	R/S	032	43	RCL	058	55	÷	084	53	(
007	99	PRT	033	03	03	059	43	RCL	085	43	RCL
008	72	ST*	034	54	)	060	00	00	086	04	04
009	00	00	035	42	STO	061	95	=	087	75	-
010	97	DSZ	036	00	00	062	99	PRT	088	43	RCL
011	00	00	037	95	=	063	32	X:T	089	02	02
012	00	00	038	99	PRT	064	85	+	090	54	)
013	06	06	039	75	-	065	43	RCL	091	33	X²
014	98	ADV	040	32	X:T	066	06	06	092	55	÷
015	43	RCL	041	53	(	067	65	×	093	02	2
016	05	05	042	43	RCL	068	43	RCL	094	65	×
017	65	×	043	01	01	069	05	05	095	53	(
018	43	RCL	044	65	×	070	55	÷	096	01	1
019	04	04	045	53	(	071	43	RCL	097	75	-
020	85	+	046	43	RCL	072	00	00	098	43	RCL
021	43	RCL	047	04	04	073	95	=	099	01	01
022	03	03	048	75	-	074	99	PRT	100	33	X²
023	65	×	049	43	RCL	075	43	RCL	101	95	=
024	43	RCL	050	02	02	076	05	05	102	99	PRT
025	02	02	051	54	)	077	65	×	103	91	R/S

Verläuft die senkrecht auf den Berührungsflächen stehende Stoßnormale durch die Schwerpunkte beider Massen, so spricht man vom zentralen Stoß, dessen Gesetzmäßigkeit wir vorher abgehandelt haben. Beim exzentrischen Stoß unterscheidet man nach der Geschwindigkeitsrichtung beider Massen den geraden und den schiefen Stoß. Der gerade exzentrische Stoß nach Bild 4.40 läßt sich auf einen zentralen Stoß zurückführen, wenn man die reduzierte Masse

$$m_{red} = \frac{I d_1}{a^2} \tag{4.2.57}$$

Bild 4.40
Gerader exzentrischer Stoß

und die Geschwindigkeit

$$v_1 = a\,\omega_1 \tag{4.2.58}$$

einsetzt. Beim schiefen Stoß sind nur die Geschwindigkeitskomponenten bezüglich der Stoßnormalen am Stoß beteiligt. So gelten als Beispiel für einen schiefen Stoß gegen eine Wand nach Bild 4.41 die Gesetzmäßigkeiten

$$v_{2t} = v_{1t} \tag{4.2.59}$$

und

$$v_{2n} = -k\,v_{1n}. \tag{4.2.60}$$

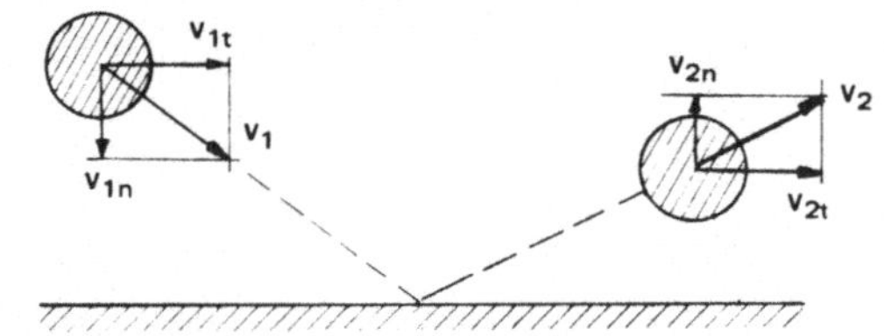

Bild 4.41 Schiefer Stoß gegen eine Wand

Gesetze über den Drehstoß lauten analog und sind im gleichen Sinne programmierbar.

4.2.7 Anwendungsbeispiele

– 1 –

Das Massenträgheitsmoment des in Bild 4.42 dargestellten Körpers ist zu bestimmen (Dichte $7.85 \cdot 10^{-3}$ kg/cm^3).

Der Körper unterteilt sich in drei Grundkörper, in zwei Quader und einen Hohlzylinder. Ihre Massen betragen

$m_1 = 246.6$ kg

$m_2 = 117.8$ kg

$m_3 = 157$ kg

Damit folgt durch das Programm 4.12

Eingabe:	246.6 m_1	Zuvor Programmteil
	30. R	B (Hohlzylinder)
	10. r	aufgerufen.
	50. h	
Ausgabe:	123300. Id_x	
	10275. Id_y	

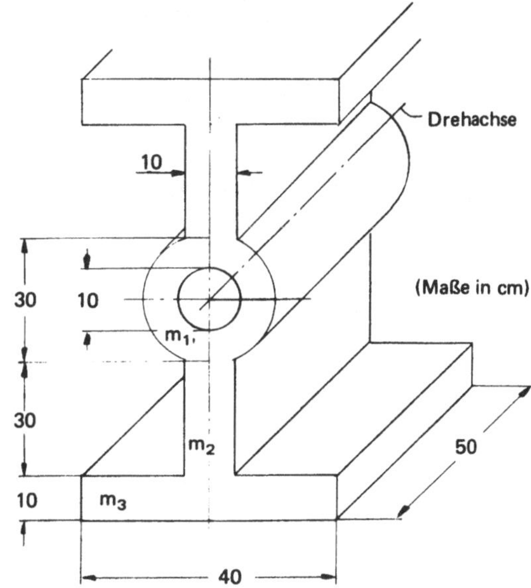

Bild 4.42
Rotationskörper

Da Drehachse-Hohlzylinder und Drehachse-Körper zusammenfallen, braucht eine Umrechnung nach dem Steinerschen Satz nicht durchgeführt werden. Für die beiden Quader ist dies jedoch der Fall. Dazu wird Programmteil E′ aufgerufen.

	2. Teil Programmteil A	3. Teil Programmteil A
Eingabe:	117.8 m_2	157. m_3
	50. a	50. a
	30. b	40. b
Ausgabe:	33376.66667 Id_2	53641.66667 Id_3
	Programmteil E′	Programmteil E′
Eingabe:	33376.66667	53641.66667
	117.8	157.
	30. a	50. a
Ausgabe:	139396.6667 Id_{21}	446141.6667 Id_{31}

Damit ergibt sich

$$Id = 129.44\ \text{kgm}^2$$

– 2 –

Das Massenträgheitsmoment des in Bild 4.43 dargestellten Körpers ist zu bestimmen (Dichte $7.85 \cdot 10^{-3}$ kg/cm^3).

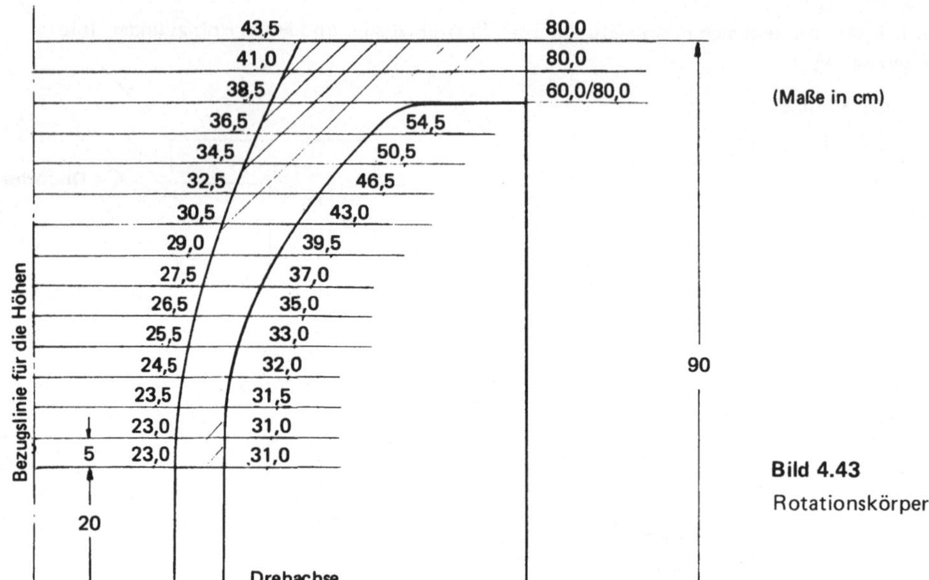

Bild 4.43
Rotationskörper

Manuelle Berechnung der Höhendifferenzen:

```
36.5  h90
39.   h85
41.5  h80

21.5  h80
18.   h75
16.   h70
14.   h65
12.5  h60
10.5  h55
 9.5  h50
 8.5  h45
 7.5  h40
 7.5  h35
 8.   h30
 8.   h25
 8.   h20
```

Anwendung von Programm 4.14:
Durch den Höhensprung bei r = 80, ist eine Aufteilung der Berechnung notwendig.

Eingabe:	0.00785	δ	30.	50.	70.			
	20.	r_1	7.5	10.5	18.			
	80.	r_2	209250.	1250000.	5831000.			
	5.	Δr						
	8.	h_1	35.	55.	75.			
Ausgabe:			7.5	12.5	21.5			
Eingabe:	20.	r_i	321562.5	1913312.5	8332031.25			
Ausgabe:	8.	h_{i3}						
	64000.	$r_i h_m \Delta r$	40.	60.		End-Ausgabe:		
			8.5	14.	6500687.24	Id_1		
	25.		512000.	2862000.				
	8.							
	125000.		45.	65.				
			9.5	16.				
			820125.	4119375.				

Eingabe:	0.00785	δ
	80.	r_1
	90.	r_2
	5.	Δr
	41.5	h_1
	80.	r_i
	39.	h_i
	20608000.	$r_i^3 h_m \Delta r$
Ausgabe:	85.	
Eingabe:	36.5	
Ausgabe:	23183218.75	
	10799572.43	End-Ausgabe: Id_2

Damit folgt

$$Id = Id_1 + Id_2 = 1730\,\text{kgm}^2.$$

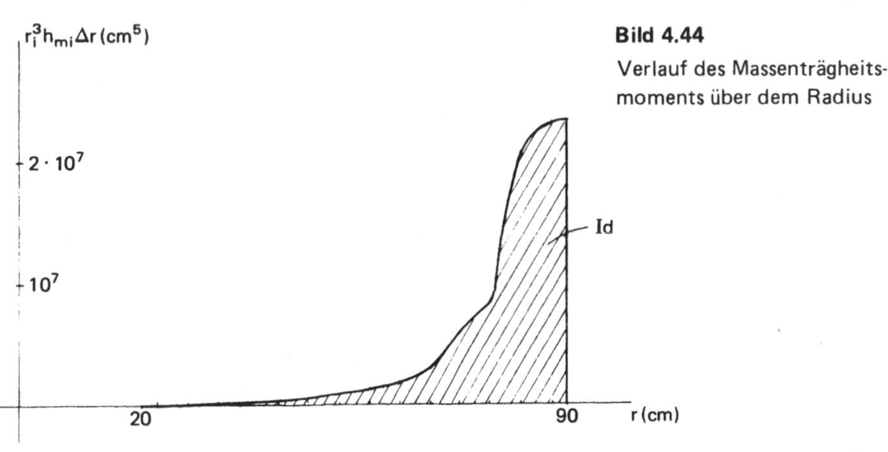

Bild 4.44

Verlauf des Massenträgheitsmoments über dem Radius

– 3 –

Welche Schwingbewegung vollführt ein nach Bild 4.45 aufgehängtes Pleuel mit $Id_s = 35\,\mathrm{kg\,cm^2}$ bei 30° Auslenkung.

Das Massenträgheitsmoment bezogen auf den Drehpunkt ergibt sich aus (4.2.12)

$$Id_D = Id_S + ma^2 = 194\,\mathrm{kg\,cm^2}.$$

Damit ergibt sich wiederum nach (4.2.20)

$$l_{red} = \frac{Id_D}{m\,l} = 17.2\,\mathrm{cm}.$$

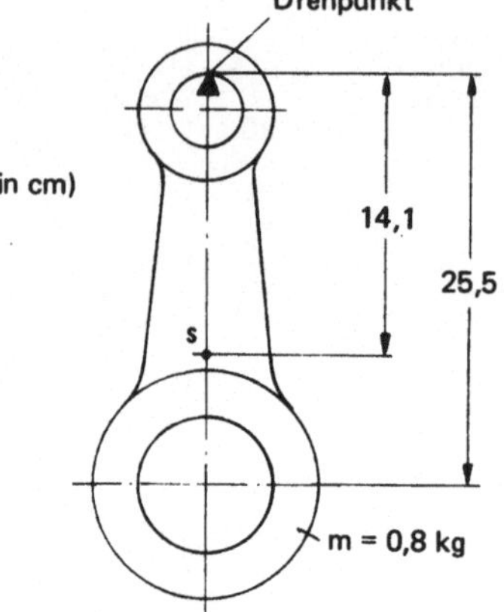

Bild 4.45
Physikalisches
Pendel

Mit Hilfe der zuvor ermittelten reduzierten Länge, läßt sich nun Programm 4.5 anwenden.

Eingabe:

Wert	
0.8	m
0.0172	l
30.	φ_0
0.	ω_0
0.	t_0
0.01	Δt
0.02	Δt_{prt}

Ausgabe:

φ_i	ω_i	v_i	s_i	t_i
25.17957196	-5.561489882	-0.095657626	7.331290331	0.02
14.87599507	-9.995057149	-0.171914983	8.720703196	0.04
1.272285779	-12.28365006	-0.211278781	9.841814317	0.06
-12.61644772	-11.83012395	-0.203478132	9.733029322	0.08
-23.6985357	-8.757543618	-.1506297502	8.489864866	0.1
-29.60306807	-3.840180447	-.0660511037	7.170316736	0.12
-29.13176475	1.845302682	.0317392061	6.830438058	0.14
-22.37821271	7.165298597	.1232431359	7.730904387	0.16
-10.72212287	11.00699082	.1893202422	9.171007806	0.18
3.323910178	12.44685031	.2140858253	9.962432152	0.2
16.62561513	11.09969635	.1909147773	9.417638999	0.22
26.24813236	7.326628141	0.126018004	8.01258562	0.24
30.1690215	2.039036031	.0350714197	6.921175837	0.26

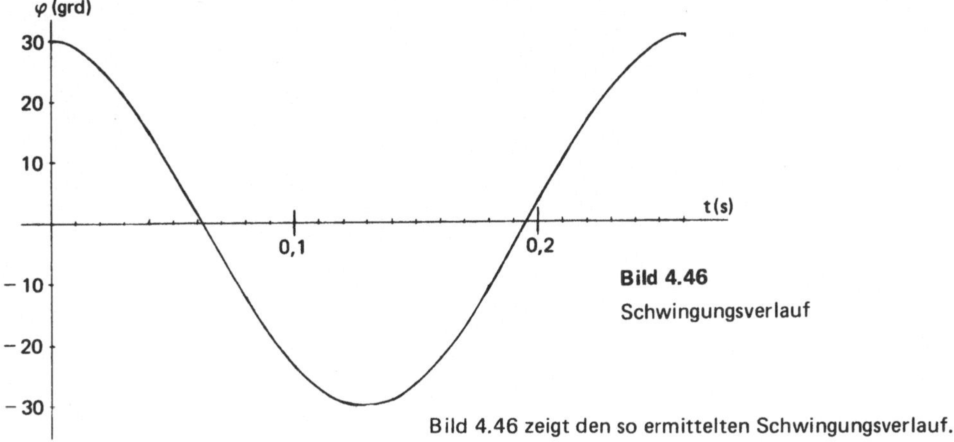

Bild 4.46
Schwingungsverlauf

Bild 4.46 zeigt den so ermittelten Schwingungsverlauf.

– 4 –

Bei einem Kolbenmotor mit den Daten

$d_k = 0.1\,m$
$l = 0.3\,m$
$r = 0.05\,m$
$m_0 = 80\,kg$
$m_R = 60\,kg$

wurde ein Indikatordiagramm, Bild 4.47, erstellt. Gesucht ist eine Analyse vorhandener Bewegungs- und Belastungsgrößen bei einem Ausgangswinkel $\varphi_0 = -90^\circ$ und schrittweises Vorgehen um 10°.

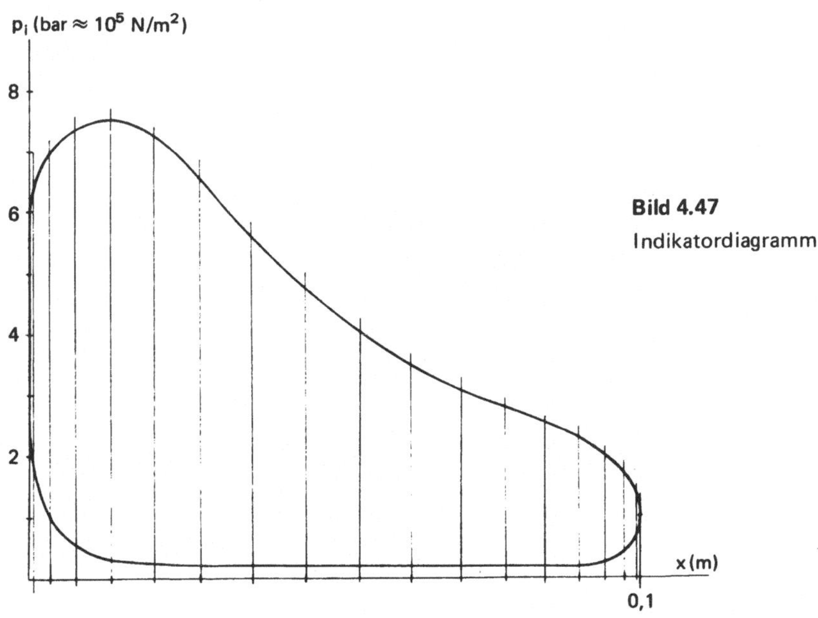

Bild 4.47
Indikatordiagramm

Eingabe:		
	0.1	d_k
	0.3	l
	0.05	r
	80.	m_0
	60.	m_R
	-90.	φ_0
	10.	$\Delta\varphi$

Ausgabe:

φ_i	x_i	p_i	F_i	F_{Ri}	ω_i	Δt_i	v_i	a_i	F_{Oi}	Md_i	t_i
-90.	0.1	100000.	785.3981634	-785.3981634	16.18021594	.6180387232	0.	0.	0.	0.	.6180387232
-80.	.0993660543	70000.	549.7787144	-538.6622064	13.39977868	.7462809824	.0008494731	-.0011382752	-.0910620175	5.557212734	1.364319706
-70.	0.097472435	45000.	353.4291735	-325.213004	10.41174023	0.960454235	.0019715872	-0.001168316	-.0934652828	6.992119383	2.324773941
-60.	.0943447516	25000.	196.3495408	-161.8339037	7.344701121	1.361525791	0.00229719	-.0002391455	-.0191316399	5.619726908	3.686299731
-50.	.0900287567	20000.	157.0796327	-109.4504467	6.040155812	1.65558643	.0026069282	-.0001870867	-.0149669362	5.696728209	5.341886161
-40.	.0845945271	20000.	157.0796327	-85.47905726	5.337885264	1.873401077	.0029007294	-.0001568277	-.0125462161	6.666372604	7.215287238
-30.	.0781414478	20000.	157.0796327	-58.69707918	4.423312453	2.26074918	.0028543986	.0000204936	.0016394847	7.374558098	9.476036418
-20.	0.070803109	20000.	157.0796327	-30.31808897	3.178998216	3.145645049	.0023328566	.0001657981	.0132638485	7.806288583	12.62168147
-10.	.0627510246	20000.	157.0796327	-1.536993147	.7157730429	13.97090893	.0005763465	.0001257263	.0100581006	7.961591292	26.5925904
0.	.0541960108	20000.	157.0796327	26.55130398	2.97496801	3.361380683	.0025450892	-.0005856947	-.0468555728	7.853981634	29.95397108
10.	.0453862068	20000.	157.0796327	53.01619078	4.203815361	2.378791441	0.003703479	-.0004869657	-.0389572528	7.507732718	32.33276252
20.	.0366010947	20000.	157.0796327	77.13070799	5.070526205	1.972181899	.0044545141	-.0003808143	-.0304651477	6.954368587	34.30494442
30.	.0281414478	20000.	157.0796327	98.3825535	5.726620688	1.746230551	.0048445189	-.0002233409	-.0178672744	6.228937134	36.05117498
40.	.0203157661	20000.	157.0796327	116.458626	6.230533042	1.604999112	.0048758168	-.0000195003	-.0015600241	5.36662537	37.65617409
50.	.0134243123	20000.	157.0796327	131.2095128	6.613358017	1.512091131	.0045575651	.0002104713	.0168377008	4.400155953	39.16826522
60.	.0077422112	55000.	431.9689899	392.1576497	11.43325048	.8746419067	.0064964885	-.0022168197	-.1773455762	9.235050295	40.04290712
70.	0.003503173	100000.	785.3981634	753.3701526	15.84687301	0.631039322	.0067175501	-.0003503135	-.0280250805	11.32415617	40.67394645
80.	0.000885279	190000.	1492.25651	1477.08843	22.18924988	.4506686821	.0058089102	.0020162038	.1612963018	10.82889923	41.12461513
90.	0.	600000.	4712.38898	4712.38898	39.63327298	.2523132522	.0035086506	.0091166818	.7293345417	0.	41.37692838

100.
0.000885279
630000.
4948.008429
4897.714269
40.40509155
.2474935613
-.0035769781
.0286295475
2.290363803
-35.90635008
41.62442194

110.
0.003503173
700000.
5497.787144
5273.591068
41.92688504
.2385104448
-.0109760137
.0310218517
2.481748136
-79.26909318
41.86293239

120.
.0077422112
735000.
5772.676501
5240.652228
41.79574232
.2392588203
-.0177173751
.0281760205
2.254081636
-123.4138539
42.10219121

130.
.0134243123
750000.
5890.486225
4920.356729
40.49838157
.2469234476
-.0230115899
.0214407129
1.715257031
-165.0058482
42.34911465

140.
.0203157661
720000.
5654.866776
4192.510535
37.38319825
0.267499852
-.0257624583
0.010283626
.8226900777
-193.1985133
42.61661451

150.
.0281414478
650000.
5105.088062
3197.432989
32.64676088
.3063091017
-.0255483159
-.0006991056
-.0559284453
-202.4404568
42.92292361

160.
.0366010947
560000.
4398.229715
2159.659824
26.83070271
.3727073461
-0.022697827
-.0076480621
-.6118449641
-194.7223204
43.29563095

170.
.0453862068
480000.
3769.911184
1272.388579
20.59440522
.4855687695
-.0180924159
-.0094845703
-.7587656242
-180.1855852
43.78119972

180.
.0541960108
400000.
3141.592654
531.0260796
13.3044614
.7516275705
-.0117209698
-.0084768658
-.6781492678
-157.0796327
44.53282729

190.
.0627510246
350000.
2748.893572
-26.89738007
2.994293465
3.339686011
-.0025616222
-.0027425775
-.2194061978
-139.3278476
47.87251331

200.
0.070803109
305000.
2395.464398
-462.3508569
12.41438489
.8055171549
-.0099961676
.0092295308
.7383624642
-119.0459009
48.67803046

210.
.0781414478
280000.
2199.114858
-821.7591085
16.55051971
.6042106334
-.0121453321
0.003556979
.2845583213
-103.2438134
49.28224109

220.
.0845945271
250000.
1963.495408
-1068.488216
18.87227434
.5298778421
-.0121784282
.0000624599
.0049967936
-83.32965755
49.81211894

230.
.0900287567
230000.
1806.415776
-1258.680137
20.48316493
.4882058037
-0.011131022
-.0021454194
-.1716335512
-65.51237441
50.30032474

240.
.0943447516
200000.
1570.796327
-1294.671229
20.77395187
.4813720596
-.0089660272
-0.00449755
-0.359803996
-44.95781527
50.7816968

250.
0.097472435
180000.
1413.716694
-1300.852016
20.82348047
.4802271175
-.0065129255
-.0051082115
-.4086569193
-27.96847753
51.26192392

260.
.0993660543
135000.
1060.287521
-1038.848541
18.60867666
.5373837261
-.0035237749
-.0055624136
-.4449930859
-10.7174817
51.79930764

270.
0.1
100000.
785.3981634
-785.3981634
16.18021594
.6180387232
-.0010257378
-.0040418781
-.3233502478
0.
52.41734637

Nach Abschluß der Berechnung
Auswertung durch Programmteil B

Ausgabe:	17.02815188	ω_m (s^{-1})
	-48.70136533	Md_m (Nm)
Eingabe:	0.2	δ
Ausgabe:	310.726172	Id (kgm^2)
Eingabe:	7850.	ρ
	0.1	b
	0.05	d
Ausgabe:	1.886533809	D (m)

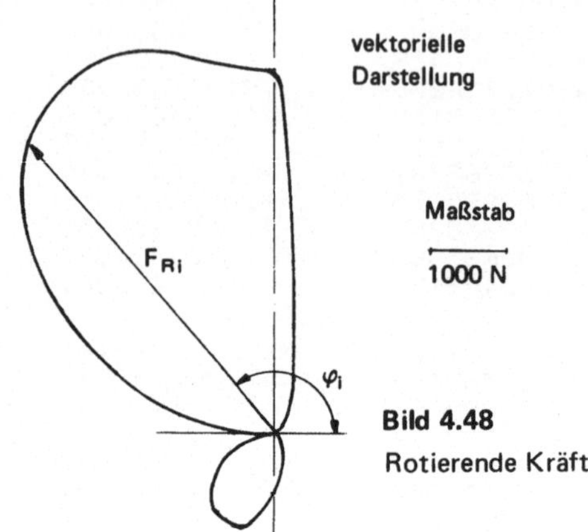

Bild 4.48
Rotierende Kräfte

Damit lassen sich die nachfolgenden Diagramme erstellen. (Ohne Einfluß eines Schwungrades.)

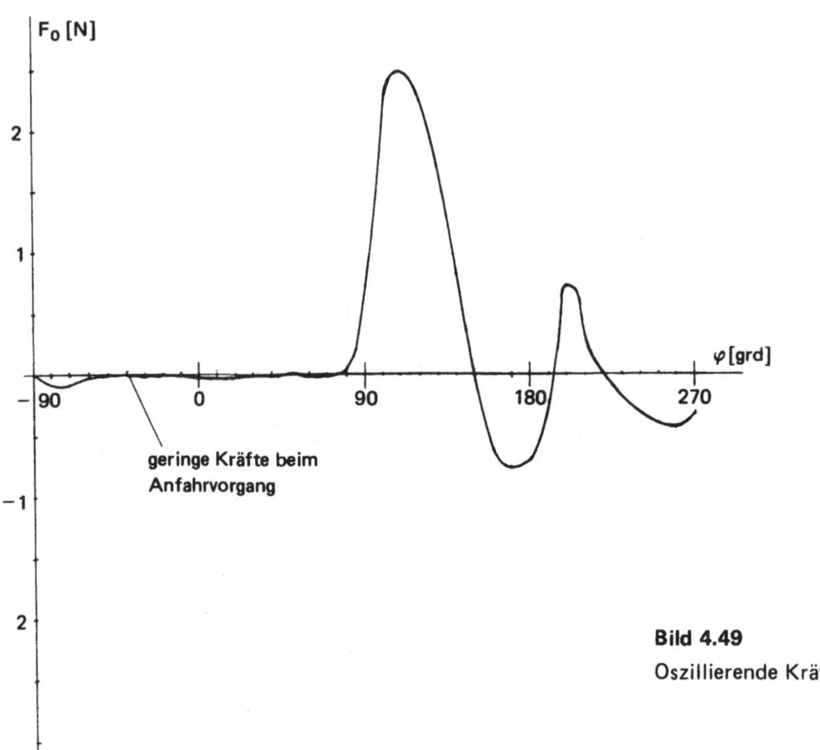

Bild 4.49
Oszillierende Kräfte

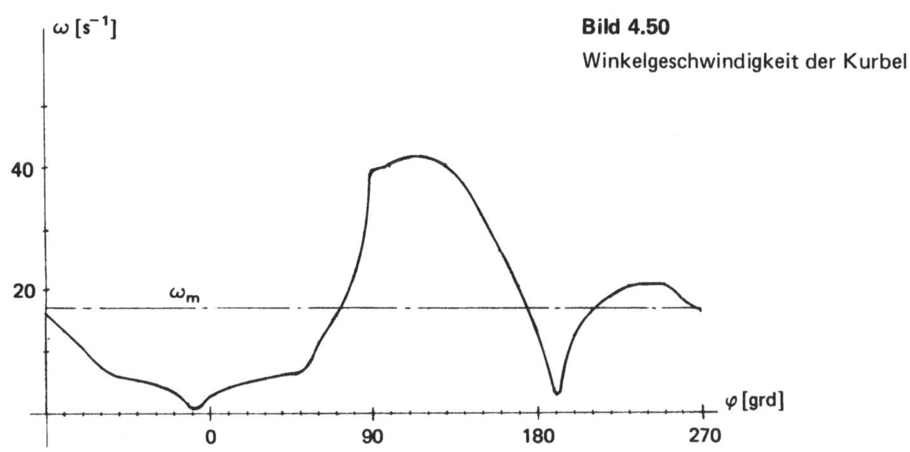

Bild 4.50
Winkelgeschwindigkeit der Kurbel

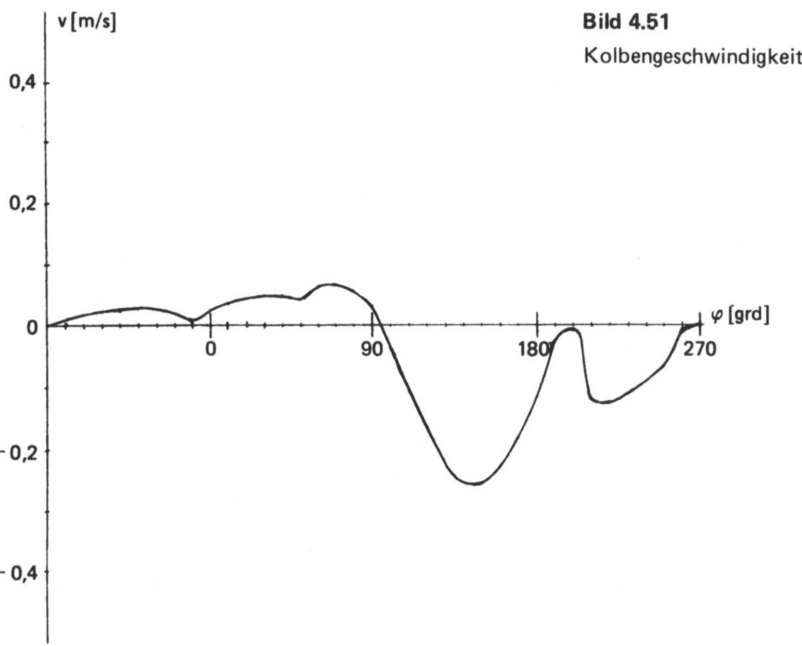

Bild 4.51
Kolbengeschwindigkeit

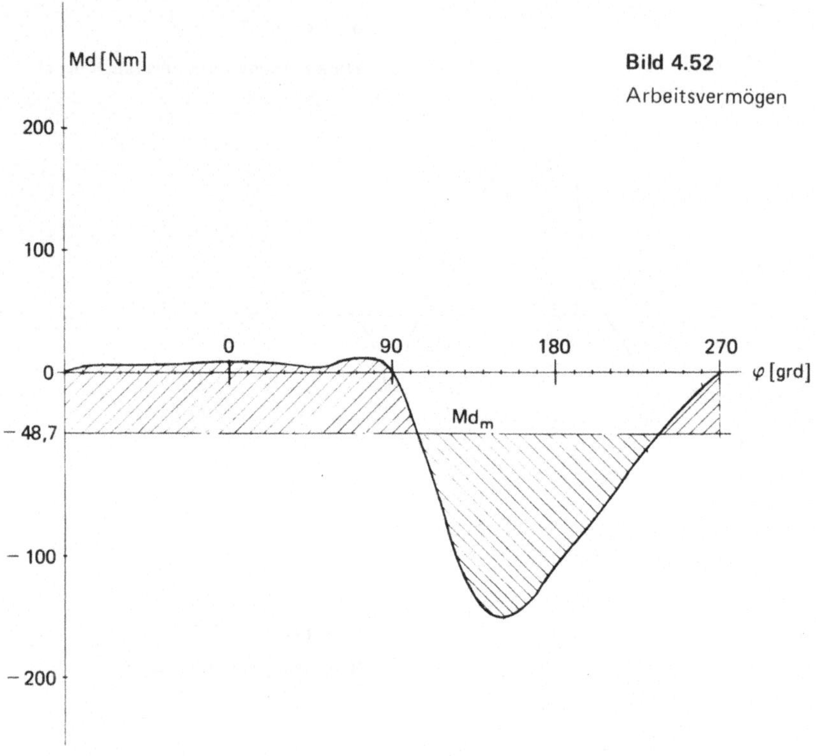

Bild 4.52
Arbeitsvermögen

– 5 –

Zwei Massen, m_1 = 40 kg und m_2 = 25 kg aus Stahl, treffen mit den Geschwindigkeiten v_1 = 5 m/s bzw. v_2 = – 2 m/s zentral aufeinander. Wie verhalten sich beide Massen nach dem Stoß und welche Umformarbeit wurde geleistet?

Den Sachverhalt gibt Bild 4.53 graphisch wieder.

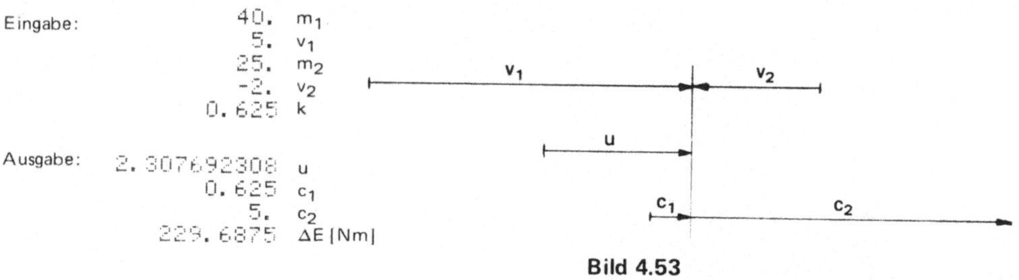

Bild 4.53
Geschwindigkeiten sich stoßender Massen

4.3 Mechanische Schwingungen

Unter einer mechanischen Schwingung versteht man die periodische Bewegung einer Masse um eine Mittellage. Den einfachsten Fall bildet ein Feder-Masse-System. Bei der Bewegung findet ein ständiger Energieumtausch zwischen potentieller und kinetischer Energie statt. Die potentielle Energiedifferenz wird auch als Federenergie bezeichnet. Die bei der Bewegung umgesetzte Wärmeenergie, durch innere Reibung in der Feder, soll unberücksichtigt bleiben. Wirken auf ein schwingendes System keine äußeren Kräfte, bezeichnet man den Bewegungsvorgang als freie Schwingung, Andernfalls als erzwungene Bewegung. Die bei der realen Schwingung stets auftretende Widerstandskraft, Bewegung im Medium und Reibungskraft (Stokes'sche Reibung, im Gegensatz zur Coulomb'schen oder Newton'schen Reibung),etc., soll in erster Näherung als geschwindigkeitsproportional angenommen werden. Dies entspricht auch unserer Annahme in 4.1.1.
Nach der Schwingungsform unterscheidet man Längs-, Biegungs- und Torsionsschwingung.

4.3.1 Freie Schwingung

Wir betrachten den allgemeinsten Fall, eine freie gedämpfte Schwingung. Die zum Zeitpunkt t an der Masse angreifenden Kräfte zeigt Bild 4.54. Danach wirkt am Körper die Federkraft

$$F_f = f\,s \qquad (4.3.1)$$

mit der Federkonstanten f und die Dämpfungskraft

$$F_d = 2\,m\,d\,\dot{s}, \qquad (4.3.2)$$

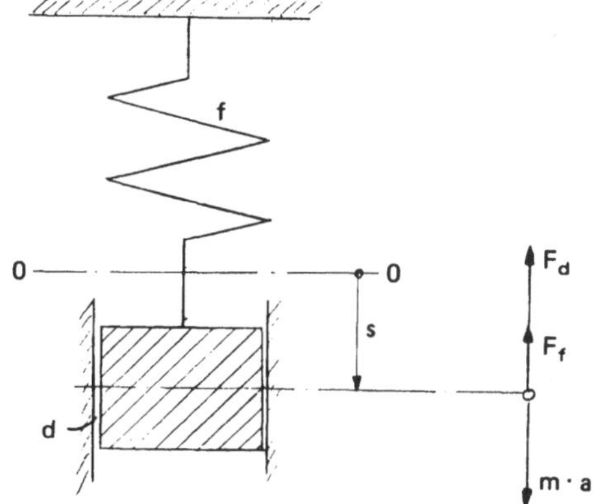

Bild 4.54
Freie gedämpfte Schwingung

mit der Dämpfungskonstanten d, als Maß für die Dämpfungsintensität. Nach dem d'Alembertschen Prinzip folgt

$$m\ddot{s} = -f\,s - 2\,m\,d\,\dot{s} \qquad (4.3.3)$$

$$\frac{dv}{dt} = -\frac{f}{m}\,s - 2\,d\,v \qquad (4.3.4)$$

und damit nach dem Euler-Cauchy-Verfahren

$$\Delta v = -\left(\frac{f}{m}\,s + 2\,d\,v\right)\Delta t. \qquad (4.3.5)$$

Wir erhalten den in Bild 4.55 dargestellten Berechnungsalgorithmus. Er ist in der Programmform als Rumpfprogramm aufgebaut, d. h. die entscheidende Berechnung der Geschwindigkeitsänderung geschied im Unterprogramm. Damit können auch nachfolgende Probleme in dieses Schema integriert werden. Setzt man d = 0, liegt der Fall einer freien ungedämpften Schwingung vor.

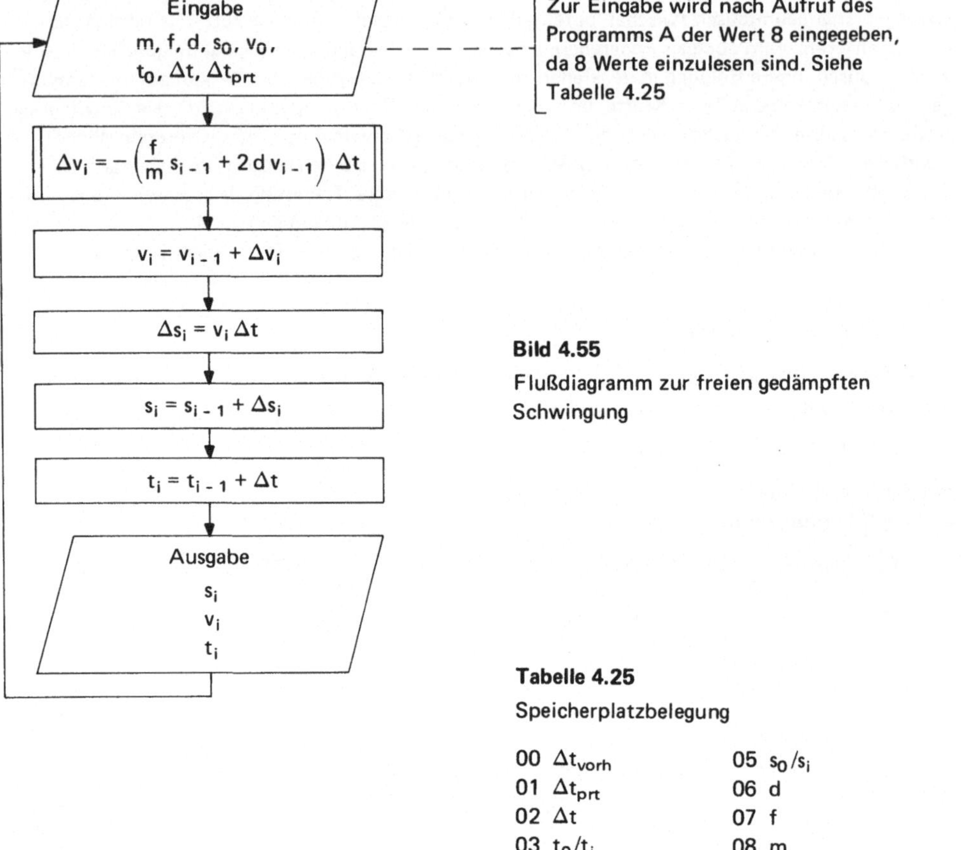

Bild 4.55
Flußdiagramm zur freien gedämpften Schwingung

Tabelle 4.25
Speicherplatzbelegung

00	Δt_{vorh}	05	s_0/s_i
01	Δt_{prt}	06	d
02	Δt	07	f
03	t_0/t_i	08	m
04	v_0/v_i	09	c = 0 für diesen Fall

Die Annahme einer linearen Federkennlinie ist nicht immer ausreichend genau. Daher soll nachfolgend noch ein Programmteil mit der Federkraft

$$F_f = f s (1 + c s^2) \tag{4.3.6}$$

aufgestellt werden. Der linearen Federkennlinie ist also eine kubische Parabel überlagert. Die Vergleiche werden im nachfolgenden Anwendungsbeispiel durchgeführt. Wir erhalten in ähnlicher Weise

$$\Delta v = -\left(\frac{f}{m} s + \frac{cf}{m} s^3 + 2 d v\right) \Delta t \tag{4.3.7}$$

und damit lediglich einen zusätzlichen Term. Unser Unterprogramm bekommt die in Tabelle 4.27 wiedergegebene Form.

Tabelle 4.26 Programm freie gedämpfte Schwingung

Start/Eingabe:

```
000  76  LBL
001  11   A
002  47  CMS
003  91  R/S
004  42  STO
005  00   00
006  91  R/S
007  99  PRT
008  72  ST*
009  00   00
010  97  DSZ
011  00   00
012  00   00
013  06   06
014  98  ADV
```

Berechnung:

```
015  76  LBL
016  43  RCL
```

Aufruf/Unterprogr.:

```
017  71  SBR
018  38  SIN
```

Δs_i, s_i:

```
019  43  RCL
020  04   04
021  65   ×
022  43  RCL
023  02   02
024  95   =
025  44  SUM
026  05   05
```

t_i:

```
027  43  RCL
028  02   02
029  44  SUM
030  03   03
031  44  SUM
032  00   00
```

Abfrage/Ausgabe:

```
033  43  RCL
034  01   01
035  32  X:T
036  43  RCL
037  00   00
038  77   GE
039  99  PRT
040  61  GTO
041  43  RCL
```

Ausgabe:

```
042  76  LBL
043  99  PRT
044  00   0
045  42  STO
046  00   00
047  43  RCL
048  05   05
049  99  PRT
050  43  RCL
051  04   04
052  99  PRT
053  43  RCL
054  03   03
055  99  PRT
056  98  ADV
057  61  GTO
058  43  RCL
```

SBR für Δv_i, v_i:

```
240  76  LBL
241  38  SIN
242  53   (
243  53   (
244  43  RCL
245  07   07
246  55   ÷
247  43  RCL
248  08   08
249  65   ×
250  43  RCL
251  05   05
252  85   +
253  02   2
254  65   ×
255  43  RCL
256  06   06
257  65   ×
258  43  RCL
259  04   04
260  54   )
261  94  +/-
262  65   ×
263  43  RCL
264  02   02
265  54   )
266  44  SUM
267  04   04
268  92  RTN
```

Tabelle 4.27 SBR für nichtlineare Federkennlinie

```
240  76  LBL
241  38  SIN
242  53   (
243  53   (
244  43  RCL
245  07   07
246  55   ÷
247  43  RCL
248  08   08
249  65   ×
250  43  RCL
251  05   05
252  85   +
253  24   CE
254  65   ×
255  43  RCL
256  09   09
257  65   ×
258  43  RCL
259  05   05
260  33   X²
261  85   +
262  02   2
263  65   ×
264  43  RCL
265  06   06
266  65   ×
267  43  RCL
268  04   04
269  54   )
270  94  +/-
271  65   ×
272  43  RCL
273  02   02
274  54   )
275  44  SUM
276  04   04
277  92  RTN
```

Wird die Dämpfungs- oder Reibungskraft, als Newton'sche Reibung mit

$$F_d = c \operatorname{sgn}(v)\, v^2, \tag{4.3.8}$$

also dem Quadrat der Geschwindigkeit proportional, angesetzt, ergibt sich die Differenzengleichung zu

$$\Delta v = -\left(\frac{f}{m}\, s + c \operatorname{sgn}(v)\, v^2\right) \Delta t \tag{4.3.9}$$

und damit ein Unterprogramm nach Tabelle 4.28.

Tabelle 4.28 SBR für Newtonsche Reibung

240	76 LBL		248	08 08		256	43 RCL		264	54)
241	38 SIN		249	65 ×		257	04 04		265	94 +/-
242	53 (		250	43 RCL		258	69 OP		266	65 ×
243	53 (		251	05 05		259	10 10		267	43 RCL
244	43 RCL		252	85 +		260	65 ×		268	02 02
245	07 07		253	43 RCL		261	43 RCL		269	54)
246	55 ÷		254	09 09		262	04 04		270	44 SUM
247	43 RCL		255	65 ×		263	33 X²		271	04 04
									272	92 RTN

4.3.2 Erzwungene Schwingung durch eine rotierende Masse

Zum Ansatz betrachten wir das idealisierte Schwingungssystem nach Bild 4.56. Die im Abstand r außerhalb des Drehpunktes rotierende Masse m_1, hat in Schwingungsrichtung den Fliehkraftanteil

$$F_e = m_1 r \omega^2 \sin(\omega t). \tag{4.3.10}$$

Der Ansatz gestaltet sich wie zuvor

$$m\ddot{s} = -fs - 2mdv - m_1 r\omega^2 \sin(\omega t), \tag{4.3.11}$$

wobei m die Masse m_1 beinhaltet. Es folgt wieder

$$\Delta v = -\left(\frac{f}{m} s + 2dv - \frac{m_1}{m} r\omega^2 \sin(\omega t)\right) \Delta t \tag{4.3.12}$$

als Bewegungsgleichung. Der nachfolgende Berechnungsalgorithmus in Bild 4.57, ist für konstante Winkelgeschwindigkeiten ausgelegt. Ansonsten muß der Algorithmus eine zusätzliche Gleichung $\omega = f(t)$ bestimmen.

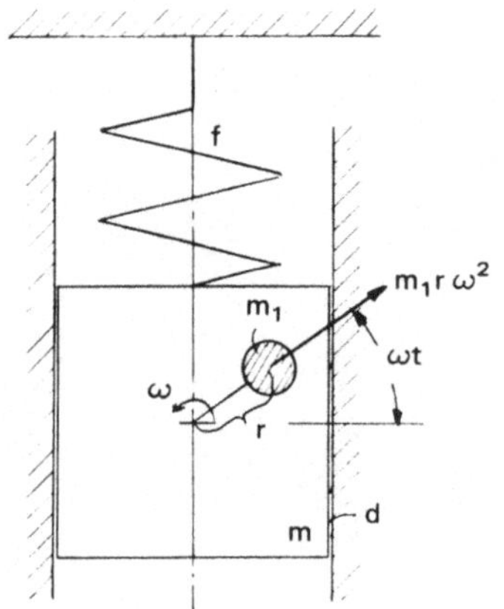

Bild 4.56
Erzwungene Schwingung durch Rotor

Tabelle 4.29
Zusätzliche Speicherplatzbelegung

09 ω
10 r
11 m_1

Auch hier läßt sich wiederum der Programmrumpf von Tabelle 4.26 verwenden. Mit einer zusätzlichen Speicherbelegung zu Tabelle 4.25 folgt Tabelle 4.29. Bei Aufruf des Programms A, muß anschließend 11 eingegeben werden, da 11 Werte einzulesen sind. Tabelle 4.30 zeigt das entsprechende Unterprogramm.

Tabelle 4.30 SBR Erzwungene Schwingung durch Rotor

240	76	LBL	252	85	+	265	08	08	278	43	RCL
241	38	SIN	253	02	2	266	65	×	279	03	03
242	53	(	254	65	×	267	43	RCL	280	54	)
243	53	(	255	43	RCL	268	10	10	281	38	SIN
244	43	RCL	256	06	06	269	65	×	282	54	)
245	07	07	257	65	×	270	43	RCL	283	94	+/-
246	55	÷	258	43	RCL	271	09	09	284	65	×
247	43	RCL	259	04	04	272	33	X²	285	43	RCL
248	08	08	260	75	-	273	65	×	286	02	02
249	65	×	261	43	RCL	274	53	(	287	54	)
250	43	RCL	262	11	11	275	43	RCL	288	44	SUM
251	05	05	263	55	÷	276	09	09	289	04	04
			264	43	RCL	277	65	×	290	92	RTN

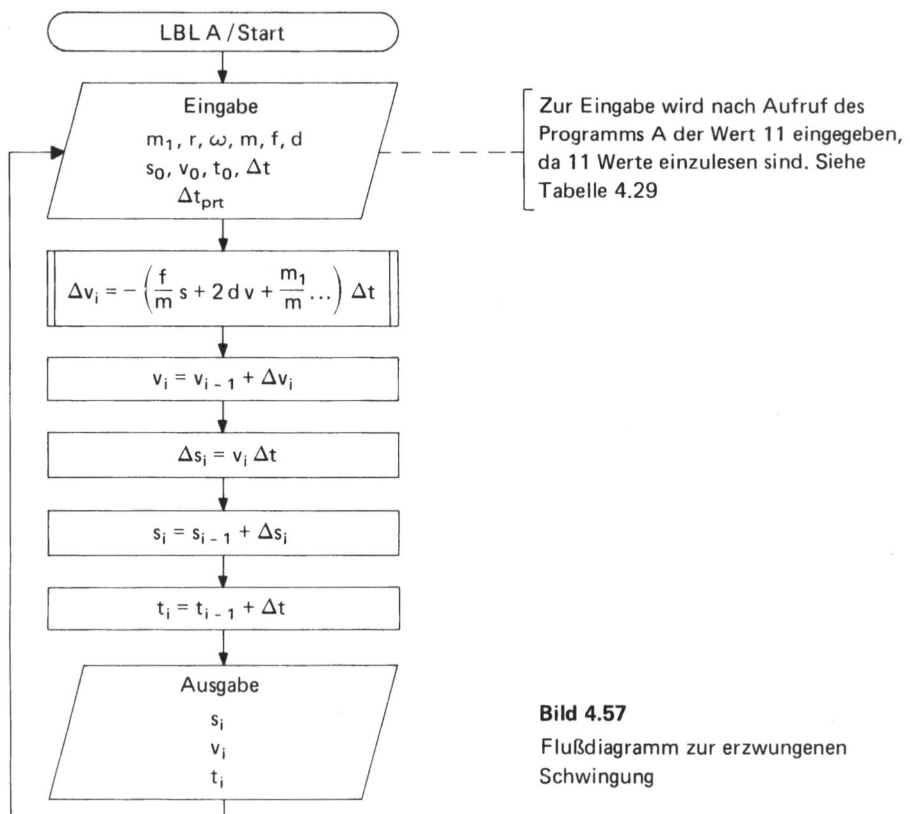

Bild 4.57
Flußdiagramm zur erzwungenen Schwingung

4.3.3 Erzwungene Schwingung durch rotierende und oszillierende Massen

Zum Ansatz betrachten wir wieder ein idealisiertes Schwingungssystem nach Bild 4.58. Der vorhandene Schubkurbeltrieb beinhaltet rotierende und oszillierende Massen. Sie werden als Massenkräfte 1. und 2. Ordnung bezeichnet. Ihr Anteil in Schwingungsebene beträgt für Massenkraft 1. Ordnung angenähert

$$F_I = m_1 r \omega^2 \cos \omega t \qquad (4.3.13)$$

und für Massenkraft 2. Ordnung

$$F_{II} = m_1 r \omega^2 \cdot \frac{r}{l} \cos^2 \omega t. \qquad (4.3.14)$$

Die Differentialgleichung der Bewegung lautet

$$m \dot{s} = -\left(f s + 2 m d v - m_1 r \omega^2 \left(\cos \omega t - \frac{r}{l} \cos^2 \omega t\right)\right).$$

Auch hier beinhaltet m wieder m_1. (4.3.15)

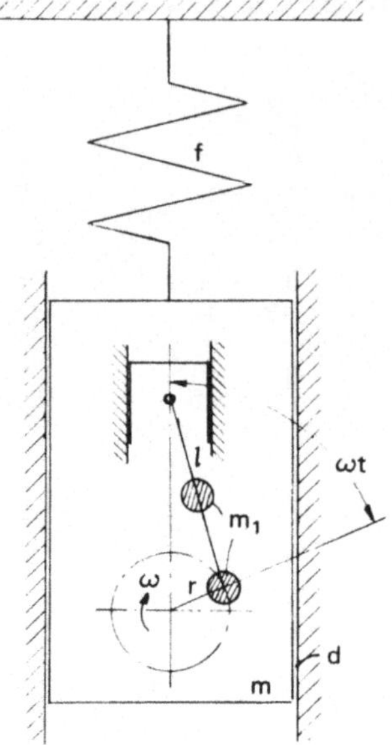

Bild 4.58

Erzwungene Schwingung durch rotierende und oszillierende Masse

Aus dieser leitet sich wieder die nachfolgende Geschwindigkeitsänderung ab

$$v = -\left(\frac{f}{m} s + 2 d v - \frac{m_1}{m} r \omega^2 \left(\cos \omega t - \frac{r}{l} \cos^2 \omega t\right)\right) \Delta t. \qquad (4.3.16)$$

Beachten Sie bitte, daß im vorliegenden Fall der Winkel ωt anders als bei reiner Rotation gemessen wird. Mit zusätzlicher Speicherplatzbelegung nach Tabelle 4.31 folgt das Unterprogramm für diesen Fall nach Tabelle 4.32.

Tabelle 4.31 Zusätzliche Speicherplatzbelegung

09 ω	11 m_1
10 r	12 l

Tabelle 4.32 SBR erzwungene Schwingung durch rotierende und oszillierende Masse

240	76	LBL	257	65	×	274	53	(	292	65	×
241	38	SIN	258	43	RCL	275	53	(	293	43	RCL
242	53	(	259	04	04	276	43	RCL	294	09	09
243	53	(	260	75	-	277	09	09	295	65	×
244	43	RCL	261	43	RCL	278	65	×	296	43	RCL
245	07	07	262	11	11	279	43	RCL	297	03	03
246	55	÷	263	55	÷	280	03	03	298	54	)
247	43	RCL	264	43	RCL	281	54	)	299	39	COS
248	08	08	265	08	08	282	39	COS	300	54	)
249	65	×	266	65	×	283	75	-	301	54	)
250	43	RCL	267	43	RCL	284	43	RCL	302	94	+/-
251	05	05	268	10	10	285	10	10	303	65	×
252	85	+	269	65	×	286	55	÷	304	43	RCL
253	02	2	270	43	RCL	287	43	RCL	305	02	02
254	65	×	271	09	09	288	12	12	306	54	)
255	43	RCL	272	33	X²	289	65	×	307	44	SUM
256	06	06	273	65	×	290	53	(	308	04	04
						291	02	2	309	92	RTN

4.3.4 Schwingung unter Berücksichtigung der Federmasse

Die Voraussetzung für die Betrachtung dieses Ansatzes besteht in der Annahme, daß jeder Teil der Feder einen gleichen Anteil an der gesamten Durchbiegung hat. Unter Betrachtung von Bild 4.59 ergeben sich für die Durchbiegung an der Stelle s folgende Verhältnisse

$$y = \frac{s}{l} x \qquad (4.3.17)$$

und auch

$$\dot{y} = \frac{s}{l} \dot{x}. \qquad (4.3.18)$$

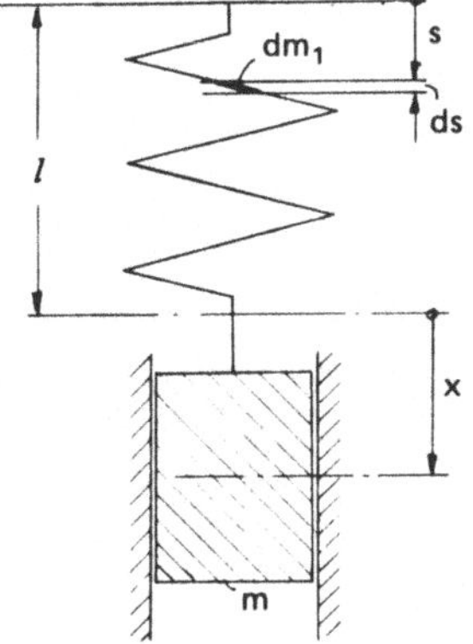

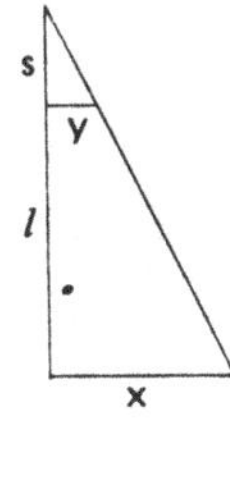

Bild 4.59
Schwingende Federmasse

Der Arbeitsanteil eines Massenelements dm_1 beträgt zu diesem Zeitpunkt

$$dW = \frac{dm_1}{2} \dot{y}^2. \qquad (4.3.19)$$

Daraus folgt durch Integration

$$W = \frac{1}{2} \int dm_1 \dot{y}^2. \qquad (4.3.20)$$

Mit

$$dm_1 = \frac{m_1}{l} ds \qquad (4.3.21)$$

worin m_1 die Federmasse ist, gilt

$$W = \frac{1}{2} \frac{m_1 \dot{x}^2}{l^3} \int_0^l s^2 \, ds \qquad (4.3.22)$$

$$W = \frac{m_1}{6} \dot{x}^2 = \left(\frac{m_1}{3}\right) \frac{\dot{x}^2}{2}. \qquad (4.3.23)$$

Dies heißt aber, daß die Federmasse nominell zu einem Drittel am Schwingungsprozeß beteiligt ist. Gleichung (4.3.5) ergibt sich damit ergänzt

$$\Delta v = -\left(\frac{f}{m + \frac{m_1}{3}} s + 2dv \right) \Delta t. \qquad (4.3.24)$$

Programmtechnisch ändert sich nichts, da statt der Masse m die ergänzte Masse

$$m' = m + \frac{m_1}{3} \qquad \text{eingegeben wird.} \qquad (4.3.25)$$

4.3.5 Biegeschwingungen

Wir betrachten ein Blattfederpendel nach Bild 4.60. Durch die Masse m wird eine statische Durchbiegung x erreicht. Nach Auslenkung aus seiner Lage, schwingt das System nach der Bewegungsgleichung

$$m\ddot{s} + f\,s = 0. \qquad (4.3.26)$$

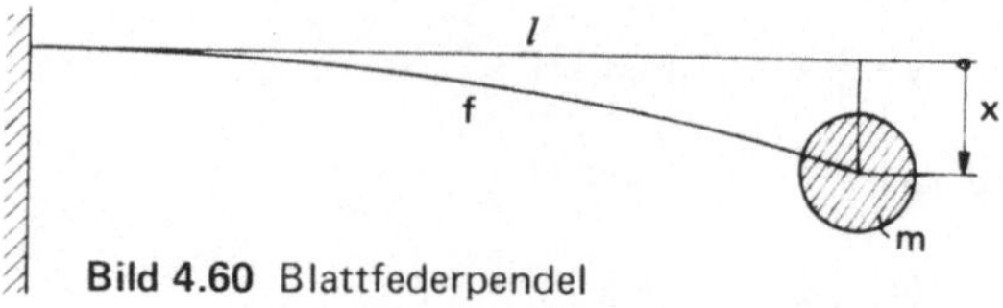

Bild 4.60 Blattfederpendel

Dies ist die allgemeine Differentialgleichung für freie Schwingung ohne Dämpfung. Die Federkonstante f ergibt sich aus der Überlegung, daß die Kraft, im Bereich des Hookeschen Gesetzes, am Stab proportional zur Durchbiegung ist. Mit Hilfe der statischen Auslenkung ergibt sich also

$$f = \frac{m\,g}{x}. \qquad (4.3.27)$$

Im Fall des Blattfederpendels

$$f = \frac{3\,E\,I}{l^3} \qquad (4.3.28)$$

mit E = E-Modul des Trägerwerkstoffs und I = axiales Flächenträgheitsmoment des Querschnitts.

Damit läßt sich dieses System als ein vorangegangenes allgemeines Schwingungssystem betrachten. So ergibt sich für einen Träger nach Bild 4.61

$$f = \frac{48\,E\,I}{l^3}. \qquad (4.3.29)$$

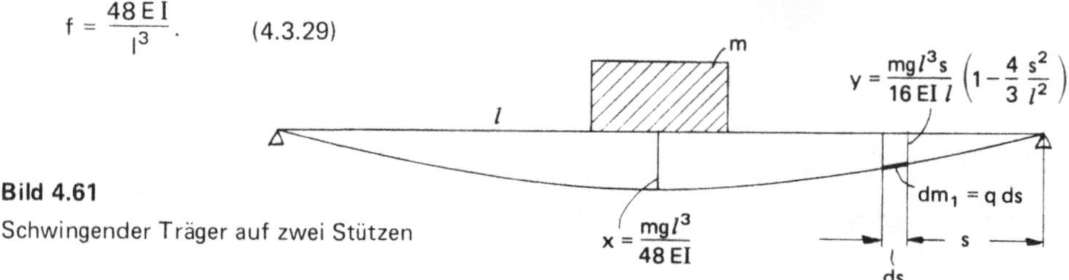

Bild 4.61
Schwingender Träger auf zwei Stützen

Berücksichtigt man die Federarbeit des Trägers, so ergibt sie sich aus der Entwicklung von x in y eingesetzt

$$y = 3\frac{s}{l}\left(1 - \frac{4}{3}\frac{s^2}{l^2}\right)x \qquad (4.3.30)$$

$$\dot{y} = \frac{s}{l^3}\,(3l^2 - 4s^2)\,\dot{x} \qquad (4.3.31)$$

$$dW = \frac{dm_1}{2}\,\dot{y}^2 = \frac{q\,\dot{x}^2}{2\,g\,l^6}\,(9\,l^4 s^2 - 24\,l^2 s^4 + 16\,s^6)\,ds \qquad (4.3.32)$$

$$W = \left(\frac{17}{35}m_1\right)\frac{\dot{x}^2}{2} \qquad (4.3.33)$$

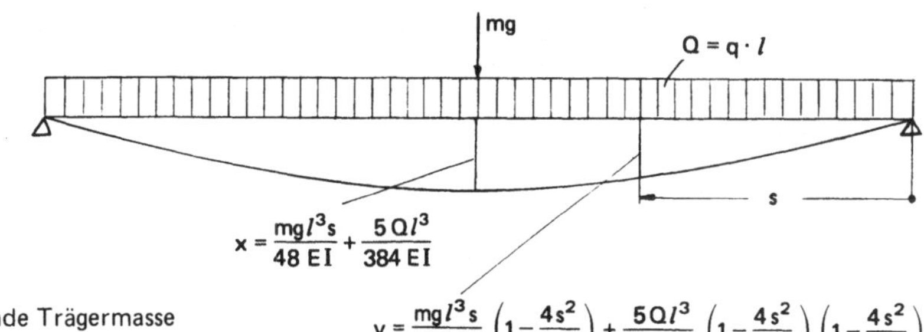

Bild 4.62

Schwingende Trägermasse

Es müssen also $\frac{17}{35}$-stel der Trägermasse für deren Federarbeit berücksichtigt werden. Weiterhin wollen wir die bisher vernachlässigte Trägermasse beachten. Nach Bild 4.62 folgt auf gleichem Wege

$$y = \frac{Fl^3}{48\,EI}\left(\frac{3\,s}{l}\left(1-\frac{4\,s^2}{3\,l^2}\right) - \left(1-\frac{4\,s^2}{l^2}\right)\left(1-\frac{4\,s^2}{5\,l^2}\right)\right) + \left(1-\frac{4\,s^2}{l^2}\right)\left(1-\frac{4\,s^2}{5\,l^2}\right)x \qquad (4.3.34)$$

$$\dot{y} = \left(1-\frac{4\,s^2}{l^2}\right)\left(1-\frac{4\,s^2}{5\,l^2}\right)\dot{x} \qquad (4.3.35)$$

$$dW = \frac{dm_1}{2}\,\dot{y}^2 \qquad (4.3.36)$$

$$W = 2\int_0^{l/2} dW = \left(\frac{3968}{7875}\,m_1\right)\frac{\dot{x}^2}{2} \qquad (4.3.37)$$

In diesem Fall müssen also $\frac{3968}{7875}$-stel der Trägermasse eingesetzt werden. Ein Geringeres als zuvor.

Ein besonders wichtiger Hinweis zur kritischen Winkelgeschwindigkeit einer rotierenden elastischen Welle. Sie bestimmt sich, als statisches Träger-Masse-System aufgefaßt, aus der statischen Durchbiegung durch

$$\omega_k = \sqrt{\frac{g}{x}} \qquad (4.3.38)$$

Ein nachfolgendes Anwendungsbeispiel zeigt dies anschaulich.

4.3.6 Drehschwingungen

Ein Torsionspendel nach Bild 4.63 erfährt bei Auslenkung um φ das rückstellende Moment

$$M_t = \frac{G\,Ip}{l}\,\varphi. \qquad (4.3.39)$$

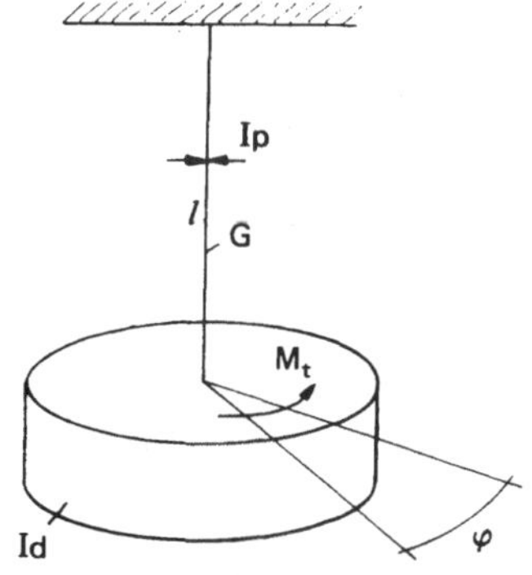

Bild 4.63

Torsionspendel

G ist der Gleitmodul des Fadens, Ip sein polares Flächenträgheitsmoment. Daraus folgt als Bewegungsgleichung für freie Drehschwingungen

$$\mathrm{Id} \cdot \ddot{\varphi} = -\frac{\mathrm{G\,Ip}}{\mathrm{l}}\varphi \qquad (4.3.40)$$

$$\ddot{\varphi} = -\frac{\mathrm{G\,Ip}}{\mathrm{l\,Id}}\varphi \qquad (4.3.41)$$

$$d\omega = -\frac{\mathrm{G\,Ip}}{\mathrm{l\,Id}}\varphi\,dt \qquad (4.3.42)$$

und damit letztlich wieder

$$\Delta\omega = -\frac{\mathrm{G\,Ip}}{\mathrm{l\,Id}}\varphi\,\Delta t. \qquad (4.3.43)$$

Das Flußdiagramm folgt analog zu Bild 4.64.
Mit der Speicherplatzbelegung nach Tabelle 4.33 läßt sich das Rechnerprogramm in 4.3.1 als Rumpfprogramm auch hier einsetzen und wir erhalten ein Unterprogramm nach Tabelle 4.34.

Tabelle 4.33
Speicherplatzbelegung

00	Δt_{vorh}	06	Id
01	Δt_{prt}	07	l
02	Δt	08	Ip
03	t_0/t_i	09	G
04	ω_0/ω_i	10	
05	φ_0/φ_i	11	

Tabelle 4.34
SBR Drehschwingungen

```
240   76  LBL        252   43  RCL
241   38  SIN        253   06   06
242   53   (         254   65   ×
243   43  RCL        255   43  RCL
244   09   09        256   05   05
245   65   ×         257   65   ×
246   43  RCL        258   43  RCL
247   08   08        259   02   02
248   55   ÷         260   94  +/-
249   43  RCL        261   54   )
250   07   07        262   44  SUM
251   55   ÷         263   04   04
                     264   92  RTN
```

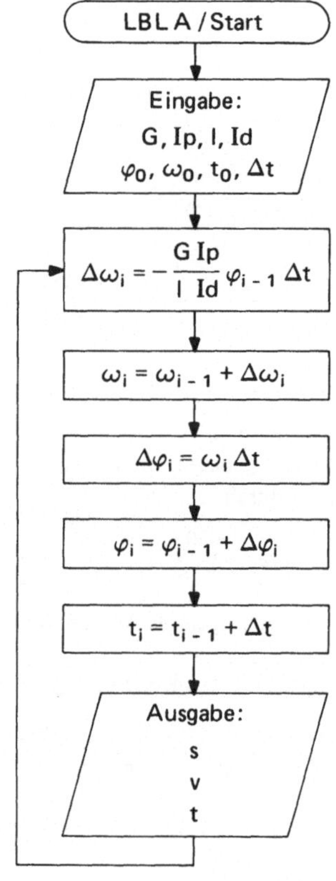

Bild 4.64
Flußdiagramm zur Drehschwingung

4.3.7 Anwendungsbeispiele

Alle Programme in diesem Buch sind für die Anwendung mit dem Drucker geschrieben. Wollen Sie diese ohne ihn benutzen, dann müssen Sie in den Programmen die Befehle Prt durch R/S ersetzen. Das Programm hält an und Sie können das Ergebnis notieren. Danach starten Sie wieder mit R/S.

– 1 –

Eine freie gedämpfte Schwingung hat folgende Daten:

$m = 50\,kg$
$f = 80\,kg/s^2$
$d = 2,\ 0.4$ und $0.04\,s^{-1}$
$s_0 = -5\,m$
$v_0 = 0$
$t_0 = 0$
$\Delta t = 0.1$ } Berechnungsdaten
$\Delta t_{prt} = 1$ }

Eingabe: (d = 2)

```
        50.    m          -1.451855677        -.2515043109
        80.    f           .6504745178         .1126817299
         2.    d                    3.                  7.
        -5.    s0
         0.    v0         -.9366536231        -.1622560522
         0.    t0          .4196498495         .0726957426
        0.1    Δt                   4.                  8.
         1.    Δtprt
Ausgabe:
-3.484475459   si         -.6042748098        -.1046782315
 1.540157122   vi          .2707338519         .0468990936
         1.    ti                   5.                  9.

-2.250407548              -.3898431988        -.0675323478
 1.008055577               .1746618413         .0302565858
         2.                         6.                 10.
```

Achtung!
Nach Aufruf von A muß zuerst 8, für die Anzahl der Eingabewerte eingegeben werden.

Eingabe: (d = 0.4)

```
        50.    m           1.433773749         .1196017981
        80.    f          -0.985849354         .2804877562
        0.4    d                    3.                  7.
        -5.    s0
         0.    v0          .0846203907         .1837521113
         0.    t0         -1.268975052        -.0858713487
        0.1    Δt                   4.                  8.
         1.    Δtprt
Ausgabe:
-1.969818686   si         -.5848154626         .0305613607
 4.235892561   vi         -.1415993718        -.1604016932
         1.    ti                   5.                  9.

 1.287383235              -.2993730536        -.0660960311
 1.902153264               .4876420538        -.0347278314
         2.                         6.                 10.
```

Zuvor Eingabe von 8

Eingabe: (d = 0.04)

```
50.     m
80.     f
0.04    d
-5.     s0
0.      v0
0.      t0
0.1     Δt
1.      Δtprt
```

Ausgabe:

```
-1.288171682   si
5.824853377    vi
1.             ti

3.875308435
3.340653638
2.

3.411305902
-3.459365426
3.

-1.61976722
-5.066825621
4.

-4.076983678
.2864578921
5.

-0.843467657
4.84005357
6.

3.278576466
2.5115051
7.

2.658688343
-3.026104001
8.

-1.500730494
-4.053188372
9.

-3.314183974
.4679742414
10.
```

Zuvor Eingabe von 8

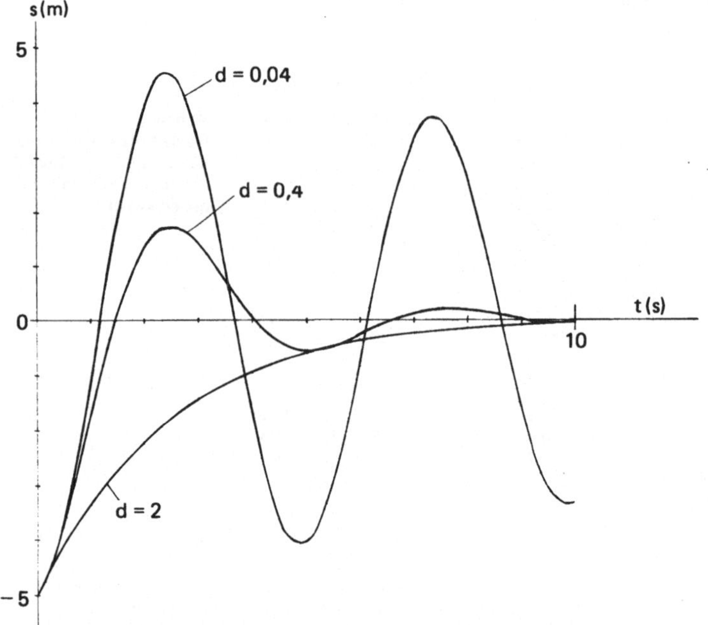

Bild 4.65
Schwingungsvorgang

Aus der allgemeinen Lösung lassen sich Gesetzmäßigkeiten für diesen Schwingungsvorgang gewinnen. So liegt für den Fall

$$d > \sqrt{\frac{f}{m}} \qquad (4.3.44)$$

ein aperiodisches Schwingungsverhalten vor. In unserem Fall

$$\sqrt{\frac{80}{50}} = 1.265\,s^{-1}$$

gilt dies für $d = 2\,s^{-1}$.

Weiterhin liegen zwei Nulldurchgänge in derselben Richtung zeitlich um

$$T = \frac{2\pi}{\sqrt{\frac{f}{m} - d^2}} \qquad (4.3.45)$$

auseinander. In unserem Fall mit d = 0.4

$$T = \frac{2\pi}{\sqrt{\frac{80}{50} - 0.4^2}} = 4.85222\,s$$

Weiterhin beträgt das Verhältnis der beiden Höchstausschläge zu einer Seite

$$\frac{A_i}{A_{i+1}} = e^{Td}. \qquad (4.3.46)$$

In unserem Fall mit d = 0.4

$$e^{Td} = 6.96493.$$

Umgekehrt bezeichnet man die Größe

$$\ln \frac{A_i}{A_{i+1}} = Td \qquad (4.3.47)$$

als logarithmisches Dekrement der Schwingung. Mißt man praktisch eine Reihe von Höchstausschlägen und die Schwingdauer, so läßt sich daraus die Dämpfungskonstante d bestimmen. Mit Hilfe der Gleichung (4.3.45) für T folgt bei gegebener Masse auch die Federkonstante.

– 2 –

Das unter – 1 – angegebene Schwingungssystem ($d = 0.4\,s^{-1}$) wird auf unterschiedlichste Art erregt. Der Schwingungsverlauf ist aufzuzeichnen.
Die Art der Schwingungserregung wird durch die Größen s_0 und v_0 wiedergegeben.

1. Fall: Die Masse wird ausgelenkt und losgelassen (wie unter – 1 –)

$$s_0 = -5\,m; \quad v_0 = 0$$

2. Fall: Die Masse bekommt in der Ruhelage einen Stoß nach unten

$$s_0 = 0; \quad v_0 = -5\,m/s$$

3. Fall: Die Masse wird ausgelenkt und bekommt einen Stoß nach oben

$$s_0 = -5\,m; \quad v_0 = 5\,m/s$$

Diese drei Fälle mögen genügen. Den Schwingungsverlauf zeigt nachher Bild 4.66.
Deutlich sieht man in Bild 4.66 die Einflüsse auf den Schwingungsverlauf des Systems.

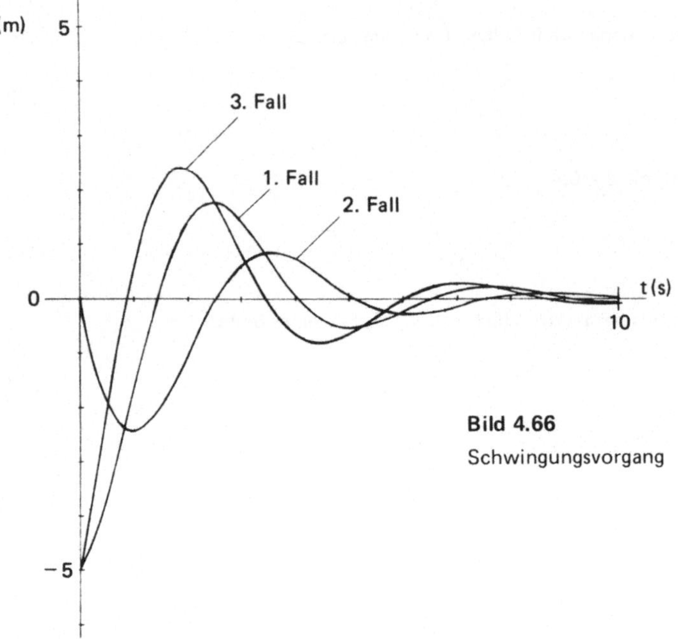

Bild 4.66
Schwingungsvorgang

Achtung!
Zuvor 8 (Eingabewerte)
angeben

```
Eingabe:    50.  m        -1.093738127     .0814196388      .0493760255
            80.  f         2.04824454     -.6414552113      .1494035718
            0.4  d                 2.               5.               8.
             0.  s0
            -5.  v0        .5668633786    -0.280394181      .0922309736
             0.  t0       1.039434007     -.1043162321     -.0335993166
            0.1  Δt                3.               6.               9.
             1.  Δtprt
Ausgabe:
                           .7296606547    -.1612804598      .0199685031
-2.435638223 si           -0.42296963      .2317969005     -.0799871637
-.2754616611 vi                    4.               7.              10.
          1. ti
```

```
Eingabe:    50.  m         2.381121361    -.6662351014      .1343760858
            80.  f        -.1460912767     .4998558395     -.2352749205
            0.4  d                 2.               5.               8.
            -5.  s0
             5.  v0        .8669103705    -.0189788726     -.0616696129
             0.  t0      -2.025283362      .5919582859     -.1268023765
            0.1  Δt                3.               6.               9.
             1.  Δtprt
Ausgabe:
                          -.6450402641     .2808822579     -.0860645342
0.465819537  si           -.8460054217     .0486908556      .0452593323
4.511354222  vi                    4.               7.              10.
          1. ti
```

– 3 –

In diesem Beispiel vergleichen wir das Schwingungsverhalten des Systems aus – 1 –, d = 0.4 s^{-1}, bei unterschiedlicher Federrückholung, d.h. bei linearer und kubisch überlagerter Kennlinie. (c = 0.1).

Unter Benutzung des Unterprogramms für die kubische Federkennlinie ergab sich

Achtung!
Zuvor 9 (Eingabewerte)
eingeben

```
Eingabe:   0.1 c          2.321375362     -.2226510932     -.0609699041
           50. m         -2.258942209     1.055075587     -0.258498205
           80. f                   2.               5.               8.
           0.4 d
           -5. s0         -.4492932949     .4257560428     -.1498258106
            0. v0        -2.184963992      .2442425942      .0376684749
            0. t0                  3.               6.               9.
           0.1 Δt
            1. Δtprt
                         -1.182819418      .2820386283     -.0405605335
Ausgabe:                  .3917826238     -.3523466217      .1290821874
                                   4.               7.              10.
1.167327916 si
5.480246322 vi
         1. ti
```

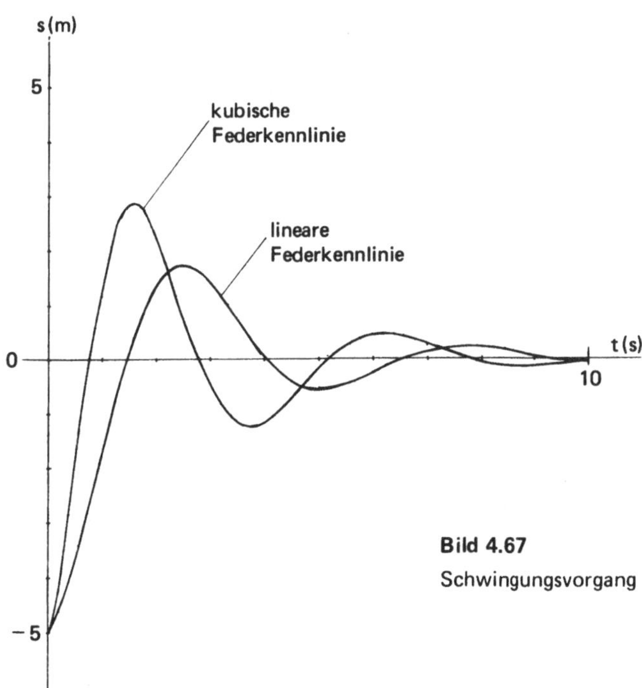

Bild 4.67
Schwingungsvorgang

— 4 —

In diesem Beispiel wollen wir abschließend das System aus — 1 —, $d = 0.4\,s^{-1}$, bei unterschiedlicher Dämpfung betrachten. Dazu benutzen wir das Unterprogramm Newtonsche Reibung mit $c = 0.1$

Achtung!
Zuvor 9 (Eingabewerte)
eingeben

Eingabe:

```
      0.1  c
      50.  m
      80.  f
      0.4  d
      -5.  s0
       0.  v0
       0.  t0
      0.1  Δt
       1.  Δtprt
```

Ausgabe:

```
-1.553231173  si
 5.010958788  vi
          1.  ti

 2.412596213
 2.410820064
          2.

 2.313209234
   -2.057828
          3.

-.6348092725
-2.869405333
          4.

-2.089656852
-.0480808525
          5.

-.6011920393
 2.313381331
          6.

 1.369975842
 1.249461861
          7.

  1.25075166
 -1.20292091
          8.

-.4837673469
-1.714245239
          9.

-1.329294807
 .0433976943
         10.
```

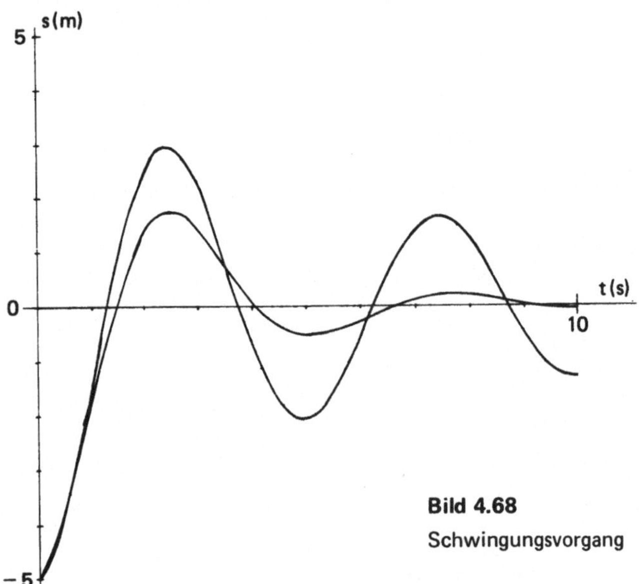

Bild 4.68

Schwingungsvorgang

– 5 –

Das Schwingungssystem von – 1 – wird durch eine außermittig rotierende Masse erregt. Die Daten sind

m_1 = 20 kg
r = 0.05 m
ω = 60 s^{-1}
m = 70 kg
f = 500 N/m (also etwas steifer)
d = 0.4 s^{-1}
s_0 = – 5 m
v_0 = 0
t_0 = 0

Der Bewegungsablauf ist gesucht.

```
               Achtung!
               Zuvor 11 (Eingabewerte)
                  eingeben

Eingabe:        20.    m1       7.716597281       -8.34237178       7.836352949
                0.05   r       -8.907782284        3.373398716     -2.456082717
                60.    ω                 2.                 5.                8.
                70.    m
               500.    f        3.407646204       -5.100394254      5.265708015
                0.4    d       -7.542128409        8.024854124     -6.758101737
                -5.    s0                2.5                5.5               8.5
                0.     v0
                0.     t0
                0.1    Δt        .5518105572      -.7344548457      1.126078083
                0.5    Δtprt   -4.947214131        8.764524917     -8.923787792
Ausgabe:                                 3.                 6.                9.

-.0184183142   si
15.40259624    vi      -2.229823683        3.281274573     -3.252555798
        0.5    ti      -6.381683137        7.405492142     -8.296373639
                                 3.5                6.5               9.5

 8.03678397
13.89884859            -5.895427491                        -6.633455134
         1.            -7.466955166        6.385439497     -5.519172868
                                 4.        5.310953263              10.
                                                    7.

10.88307258
-.1839381216           -8.648510118        8.127780572
        1.5            -3.500465434        2.067755581
                                 4.5                7.5
```

Aus Platzgründen müssen wir hier theoretisch einige Besonderheiten dieses Schwingungsvorganges betrachten. Man erkennt, daß die gedämpfte Eigenschwingung des Systems langsam abklingt und die erzwungene Schwingung immer mehr angenommen wird. Um dies deutlicher zu demonstrieren, wurde die Masse zum Start ausgelenkt auf – 5 m. Nach einer gewissen Zeit läuft die Bewegung nach dem Gesetz

$$s = A \sin(\omega t - \psi) \qquad (4.3.48)$$

ab und damit mit derselben Frequenz wie die Erregerschwingung, nur um den Winkel ψ verschoben.

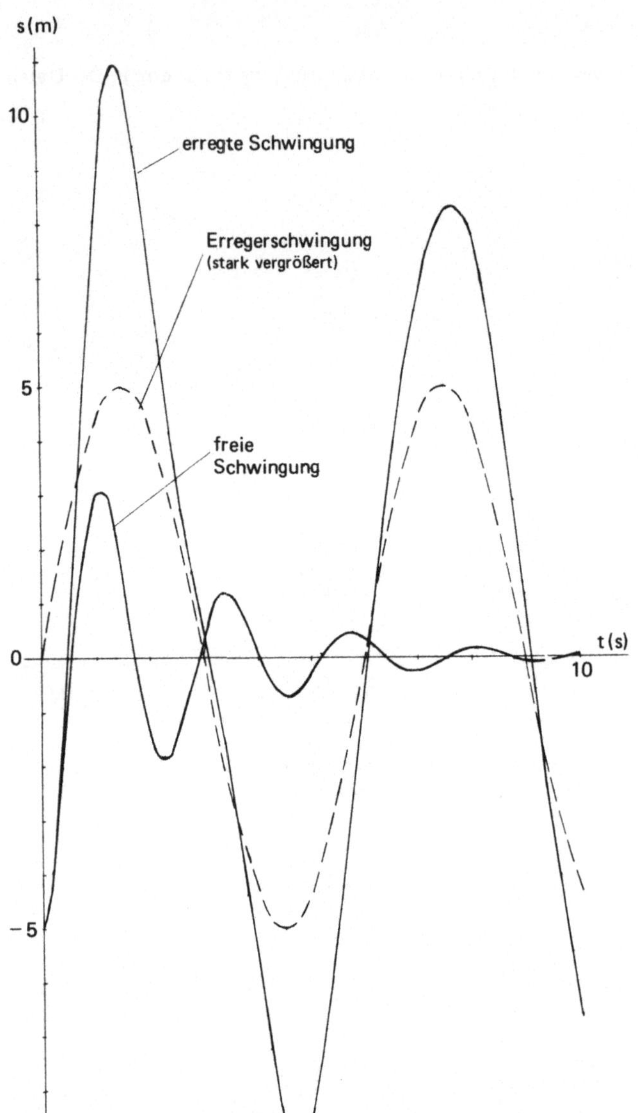

Bild 4.69
Schwingungsvorgang

Daher bezeichnet man ψ als Phasenwinkel. Er ergibt sich aus

$$\tan \psi = \frac{2\,\mathrm{md}}{\mathrm{f} - \mathrm{m}\,\omega^2}. \tag{4.3.49}$$

Der Höchstausschlag A bestimmt sich durch

$$A = \frac{m_1\, r\, \omega^2}{\sqrt{(f - m\,\omega^2)^2 + 4\,m^2\,d^2\,\omega^2}}. \tag{4.3.50}$$

Bei Annäherung der Erregerfrequenz ω an die Eigenfrequenz des Schwingungssystems

$$\omega_k = \sqrt{\frac{f}{m}} \qquad (4.3.51)$$

strebt A gegen ∞. Dies veranschaulicht Bild 4.70. Daher bezeichnet man ω_k auch als kritische Winkelgeschwindigkeit. Der Vorgang selbst heißt Resonanz. Maschinenteile, die als elastische Bauteile gelten können, müssen auf diesen Resonanzfall hin untersucht werden. Er kann zur Zerstörung des Bauteils führen. Zur Vermeidung gestaltet man $\omega \gg \omega_k$. Umlaufende Wellen sind solche Teile. Hier stimmen kritische Winkelgeschwindigkeit und Eigenschwingungszahl überein. Mit der statischen Durchbiegung

$$y_0 = \frac{m g}{f}, \qquad (4.3.52)$$

folgt

$$\omega_k = \sqrt{\frac{f}{m}} = \sqrt{\frac{g}{y}}. \qquad (4.3.53)$$

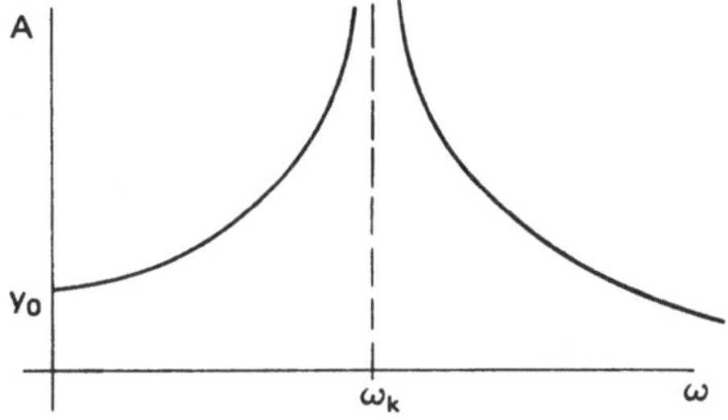

Bild 4.70 Schwingungsausschläge

– 6 –

Dieses Beispiel soll einen Vergleich zwischen einer Schwingung, angeregt durch einen rotierenden Erreger und einer Schwingung, angeregt durch einen rotierend-oszillierenden Erreger darstellen. Dazu benutzen wir das Schwingungssystem aus – 5 –. Zusätzlich wird die Schubstangenlänge l = 0.3 m angenommen.

Achtung!
Zuvor 12 (Eingabewerte) eingeben

Eingabe:

0.3	l
20.	m_1
0.05	r
60.	ω
70.	m
500.	f
0.4	d
-5.	s_0
0.	v_0
0.	t_0
0.1	Δt
0.5	Δt_{prt}

Ausgabe:

s_i	v_i	t_i
-.3142700809	14.03739354	0.5
6.673286165	11.7667563	1.
9.395443469	1.282700042	1.5
8.148487918	-4.018418821	2.
5.799436941	-5.137761671	2.5
2.311272375	-8.640844241	3.
-3.243881186	-12.23339025	3.5
-8.671037228	-8.741861797	4.
-10.15920698	1.224486043	4.5
-6.98789366	8.8432576	5.
-2.369067021	8.485798253	5.5
.5363096864	4.005096384	6.
1.871634716	2.459980593	6.5
3.792855275	5.057065121	7.
6.942146828	6.554386408	7.5
9.184477334	2.257060809	8.
7.78055852	-6.406105975	8.5
2.324928475	-13.2227797	9.
-4.544801052	-13.00821416	9.5
-9.13737234	-5.994379908	10.

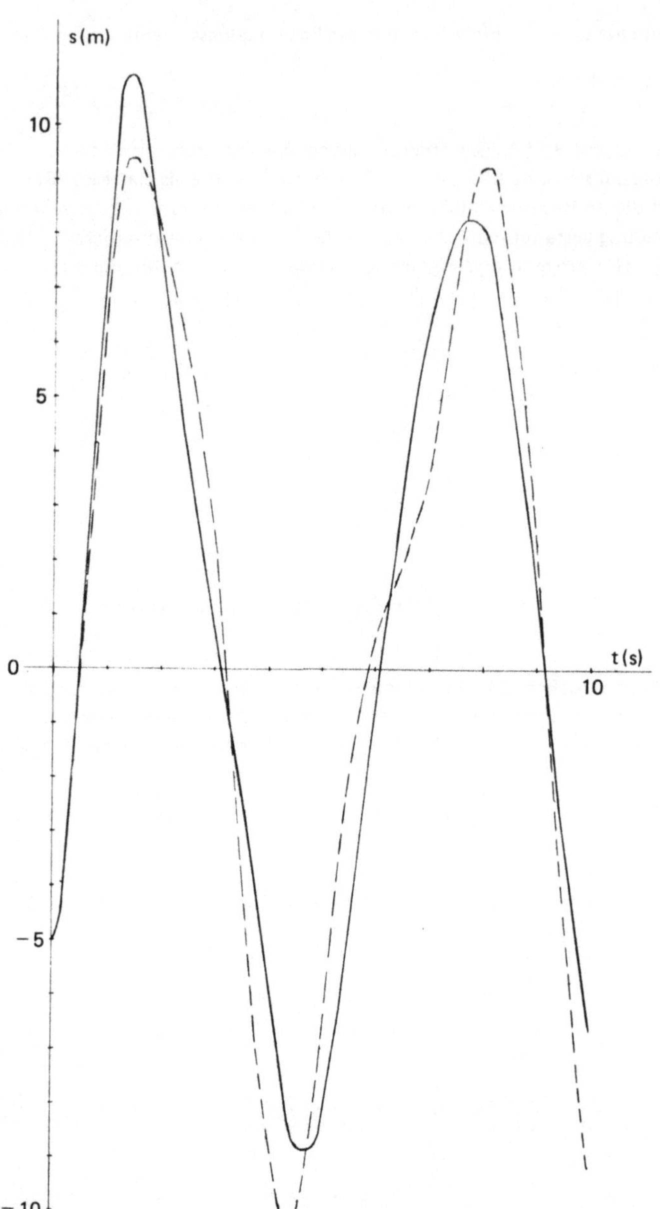

Bild 4.71
Schwingungsvorgang

Um beide Schwingungen überhaupt vergleichen zu können, mußte in Programm 4.32 die Funktion cos in sin abgeändert werdne

Um beide Schwingungen überhaupt vergleichen zu können, mußte in Programm 4.32 die Funktion cos in sin abgeändert werden

– 7 –

Auf einem Träger auf zwei Stützen, Stützweite 3 m, wird mit einer neuen starren Stützvorrichtung, nach Bild 4.72, die Last von 1500 kg abgesetzt. Als Hauptträger werden 2 Doppel-T-Profile, für $\sigma_{bzul} = 8000\,N/cm^2$, verwendet. Gesucht ist die Eigenfrequenz des Systems und der Schwingungsverlauf.

Zunächst ergibt sich aus der zulässigen Biegespannung das notwendige Widerstandsmoment

$$W = \frac{Mb}{\sigma_{bzul}} = 69\,cm^3$$

Unter Berücksichtigung, daß hier zwei Träger nebeneinander liegen, ergibt sich aus einem der üblichen technischen Tabellenbücher der Träger

$$I\ 120, \quad W_x = 54.7\,cm^3, \quad I_x = 328\,cm^4, \quad m = 33.3\,kg$$

Damit ergibt sich für den in Bild 4.72 dargestellten Belastungsfall

$$y_m = \frac{F\,l^3}{8\,E\,I}\,\frac{a}{l}\left(1 - \frac{4\,a^2}{3\,l^2}\right) = 0.413\,cm$$

Nach Gleichung (4.3.27) folgt

$$f = \frac{F}{y_m} = 35630\,\frac{N}{cm}$$

Damit ergibt sich die Eigenfrequenz nach (4.3.51) zu

$$\omega_k = \sqrt{\frac{f}{m}} = 48.7\,s^{-1}$$

Den Bewegungsablauf zeigt Bild 4.73.

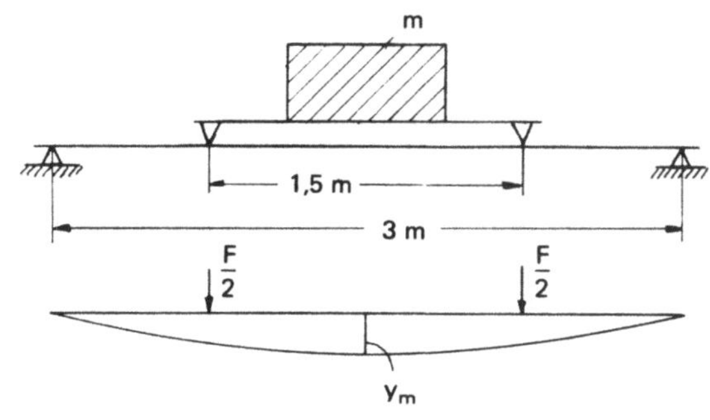

Bild 4.72
Schwingender Träger

Achtung!
Zuvor 8 (Eingabewerte)
eingeben

Eingabe:

1516.78	m			
3560000.	f	.0019700334	-.0010921711	.0001579566
0.	d	0.187793503	-.1994765197	.2008672386
-0.00413	s_0	0.04	0.1	0.16
0.	v_0			
0.	t_0	.0041371776	-.0039308911	.0035217843
0.005	Δt	.0454897741	-.0886324332	.1272019657
0.02	Δt_{prt}	0.06	0.12	0.18

Ausgabe:

-.0019141438	s_i	.0026984586	-.0033435422	.0038161106
.1664209916	v_i	-.1364617333	.0994615219	-.0573294403
0.02	t_i	0.08	0.14	0.2

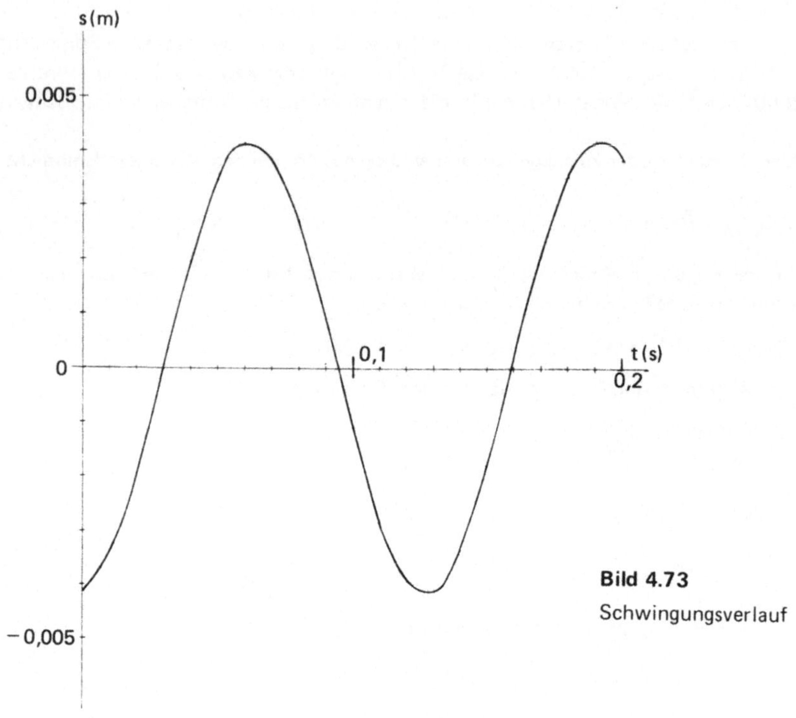

Bild 4.73
Schwingungsverlauf

– 8 –

Gesucht ist das Schwingungsverhalten des in Bild 4.74 dargestellten Systems.

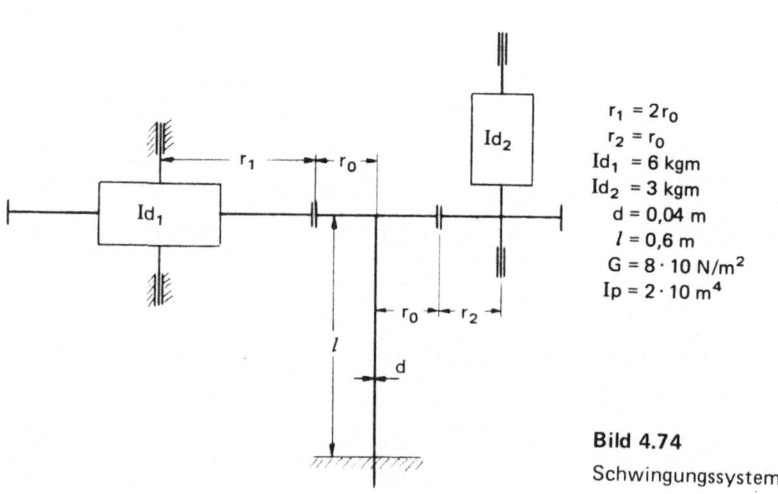

Bild 4.74
Schwingungssystem

Zur Betrachtung werden die Massen der Drehwellen auf ein Ersatzsystem nach Bild 4.75 reduziert. Nach Gleichung (4.2.23) folgt

$$Id_{10} = Id_1 \left(\frac{r_0}{r_1}\right)^2 = \frac{1}{4} Id_1$$

$$Id_{20} = Id_2 \left(\frac{r_0}{r_1}\right)^2 = Id_2$$

$$Id_0 = Id_{10} + Id_{20} = 4.5 \text{ kg m}$$

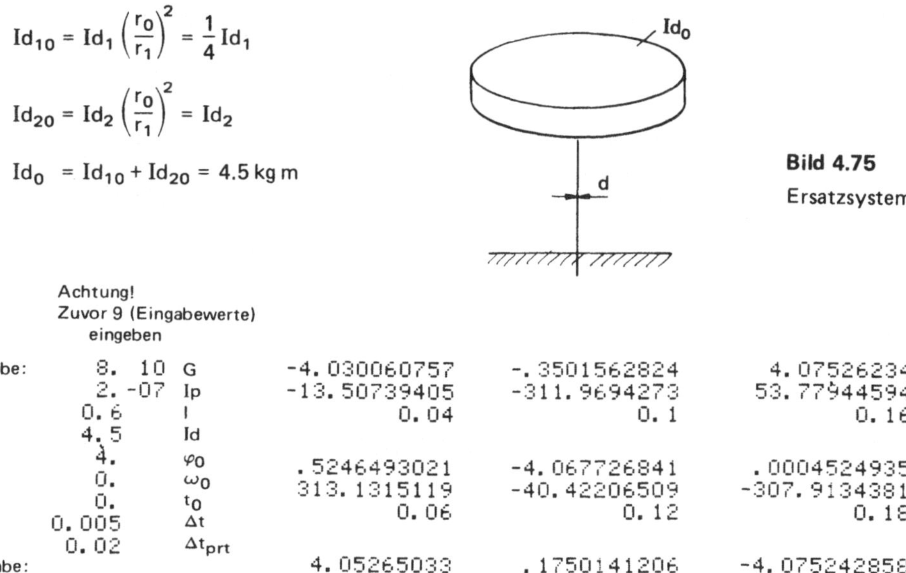

Bild 4.75
Ersatzsystem

Achtung!
Zuvor 9 (Eingabewerte)
eingeben

Eingabe:

8. 10	G
2. -07	Ip
0.6	l
4.5	Id
4.	φ_0
0.	ω_0
0.	t_0
0.005	Δt
0.02	Δt_{prt}

Ausgabe:

φ_i	-.6981696933	-4.030060757	.5246493021	4.05265033
ω_i	-313.7130933	-13.50739405	313.1315119	26.98974723
t_i	0.02	0.04	0.06	0.08

φ_i	-.3501562824	-4.067726841	.1750141206
ω_i	-311.9694273	-40.42206509	310.2289938
t_i	0.1	0.12	0.14

φ_i	4.07526234	.0004524935	-4.075242858
ω_i	53.77944594	-307.9134381	-67.03712702
t_i	0.16	0.18	0.2

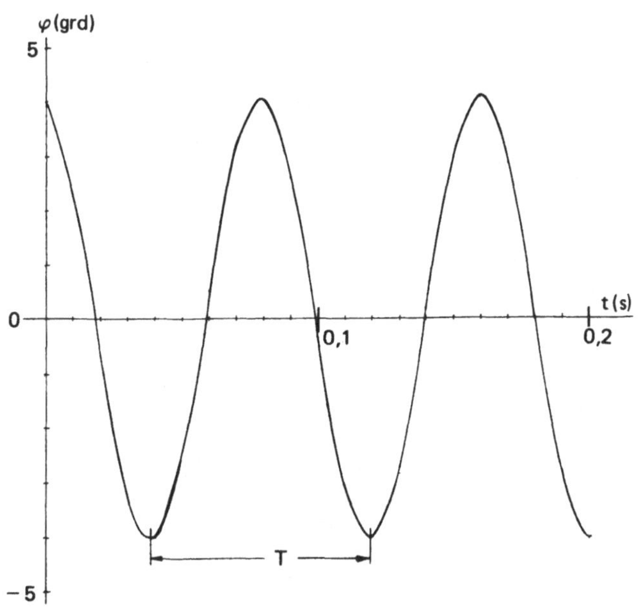

Bild 4.76
Schwingungsvorgang

Eine Grenzwertbetrachtung liefert

$$T = 2\pi \sqrt{\frac{l\ Id}{G\,Ip}}$$

$$T = 0.0812\,s \qquad (4.3.54)$$

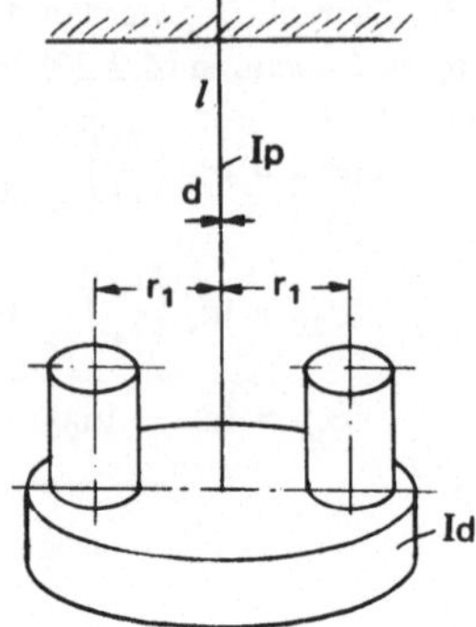

Bild 4.77

Torsionspendel zur Feststellung eines Id

Abschließend sei noch erwähnt, daß in der Praxis ein Torsionspendel mitunter zur Feststellung des Massenträgheitsmomentes eines beliebigen Körpers benutzt wird. Den Versuchsaufbau zeigt Bild 4.77. Der Vorteil liegt darin, daß lediglich die Massen m_1, der Radius r_1 und die Schwingzeiten des Systems T und T_1 bekannt sein müssen. Die Zeit T ohne aufgesetzte Massen, beträgt nach Grenzwertbetrachtungen

$$T = 2\sqrt{\frac{l\ Id}{G\,Ip}}. \qquad (4.3.54)$$

Mit aufgesetzten Massen beträgt sie, unter Berücksichtigung des Steinerschen Satzes

$$T_1 = 2\sqrt{\frac{l\,(Id + 2\,m_1\,r_1^2)}{G\,Ip}}. \qquad (4.3.55)$$

Daraus folgt durch Gleichsetzung und Umstellung

$$Id = \frac{2\,m_1\,r_1^2}{\left(\frac{T_1}{T}\right)^2 - 1}. \qquad (4.3.56)$$

Wenn Sie eines der üblichen Stopuhrprogramme für Taschenrechner benutzen und dieses mit Gleichung (4.3.57) verbinden, können Sie Ihren Taschenrechner zur Bestimmung eines Id benutzen.

Literaturverzeichnis

[1] *Hans Heinrich Gloistehn:* Programmieren von Taschenrechnern 3, Vieweg Verlag, Braunschweig, 1977/78

[2] *Helmut Alt:* Anwendung programmierbarer Taschenrechner, Band 1, Vieweg Verlag, Braunschweig, 1979

[3] *Eduard Pestel:* Technische Mechanik, BI-Hochschultaschenbuch, 1969

[4] *K. Magnus/H. H. Müller:* Grundlagen der technischen Mechanik, Teubner Verlag, Stuttgart, 1974

[5] *Hans Ziegler:* Vorlesungen über Mechanik, Birkhäuser Verlag, Basel, 1970

[6] *K. A. Reckling:* Mechanik, Vieweg Verlag, Braunschweig, 1968

[7] *István Szabo:* Repertorium und Übungsbuch der technischen Mechanik, Springer Verlag, Berlin-Heidelberg, 1972

[8] *István Szabo:* Einführung in die technische Mechanik, Springer Verlag, Berlin-Heidelberg, 1966

[9] *István Szabo:* Höhere Technische Mechanik, Springer Verlag, Berlin-Heidelberg, 1972

[10] *H. Nahrstedt:* Algebraische oder Umgekehrt Polnische Notation – Arbeitsweise eines Taschenrechners, Deutsche Verlagsanstalt, Bild der Wissenschaft, Math. Kabinett Heft 6 + 7/79

[11] *K. Zirpke/K. Kummer:* Technische Mechanik, Technik Tabellen Verlag, Darmstadt, 1969

[12] *J. Kožešnik:* Maschinendynamik, Carl Hanser Verlag, München, 1966

[13] *H. Neuber:* Technische Mechanik, Teil 1–3, Springer Verlag, Berlin-Heidelberg, 1974

[14] *G. Jordan-Engeln/F. Reutter:* Numerische Mathematik für Ingenieure, BI-Hochschultaschenbuch, 1973

[15] *D. Rüdiger/A. Kneschke:* Technische Mechanik, Band 1–3, Verlag Harri Deutsch, Zürich-Frankfurt/M., 1966

Sachwortverzeichnis

Taschenrechner-Literatur

Peter Kahlig

Mathematische Routinen der Physik, Chemie und Technik für AOS-Rechner

Teil I. Mit 71 Abb., 129 Beispielen und 34 Tabellen. 1979. VI, 178 S. DIN C 5 (Anwendung programmierbarer Taschenrechner, Bd. 3/I). Kart.

Inhalt: Gamma- und Beta-Funktion, Kombinationen (Binomialkoeffizienten), Variationen (permutations, factorial powers) und ihre Logarithmen – Digamma-Funktion und ihre ersten sechs Ableitungen (Polygamma-Funktionen), Beta-Funktion und ihre ersten sechs Ableitungen – Exponentialintegrale, Integrallogarithmus, Integralsinus und -cosinus, hyperbolischer Integralsinus und -cosinus.

Dieser Band enthätl 13 ausgefeilte AOS-Programme für 30 oft benötigte Funktionen aus den Bereichen der Physik, Chemie und Technik. Zur Auflockerung und zur zusätzlichen Information dienen 71 Abbildungen, die fast alle vom Rechner selbst gezeichnet wurden, ferner 129 Beispiele und 34 Tabellen. Der Tuning Kit im Anhang enthält 8 komfortable, universell verwendbare Sonderprogramme zum Zeichnen und Drucken.

Teil II. Mit 137 Beispielen, 71 Abb., 16 Tab. und einem Anhang: Logarithmisches Plotten und Erzeugung von Fehlerkurven. 1980. VIII, 180 S. DIN C 5. Kart.

Inhalt: zeta-, xi- und Xi-Funktion von Riemann – eta-, kappa- und rho-Funktion, L-Funktion von Dirichlet – Polylogarithmen, chi-Funktionen von Legendre – Arcustangens-Integrale – Clausen-Integrale und Glaisher-Funktionen – Anhang: Arithmetische Funktionen – Logarithmisches Plotten von Kurven – Plotten der Ordinatenachse mit logarithmischer Teilung und mit inverser logarithmischer Teilung – Erzeugung von Referenzwerten und Fehlerkurven – Fehlerkurven zu Funktionsroutinen dieses Bandes.

14 ausgefeilte AOS-Programme für 21 oft benötigte spezielle Funktionen. Zur Veranschaulichung und zusätzlichen Information dienen 71 Abbildungen, die fast alle vom Rechner selbst gezeichnet wurden, ferner 137 Beispiele und 16 Tabellen.

Hans-Joachim Ludwig

Programmoptimierung für Taschenrechner (AOS)

2., durchges. Aufl. 1980. X, 102 S. 12 X 19,5 cm (Programmieren von Taschenrechnern, Bd. 5). Kart.

Inhalt: Wozu dient Programmoptimierung? – Techniken der Programmoptimierung – Rationalisierung der Programmherstellung – Steigerung der Effektivität – Erhöhung der Betriebssicherheit – Verbesserung des Bedienungskomforts – Förderung der Flexibilität – Verringerung des Programmspeicherbedarfs – Verringerung des Datenregisterbedarfs – Verkürzung der Rechenzeit – Programmbeispiele.

Ziel des Buches ist es, dem Benutzer von Taschenrechnern das geschickte Ausnutzen des Gerätes bis an die Grenzen seiner Möglichkeiten zu zeigen und dadurch die Leistungsfähigkeit eines Programms wesentlich zu erhöhen. Diese Anleitung zur optimalen Programmierung setzt keine speziellen Kenntnisse voraus.

Lehr- und Lernsystem
Mechanik und Festigkeitslehre
von Alfred Böge

Mit dem **Lehr- und Lernsystem Mechanik und Festigkeitslehre** liegt ein nach modernen didaktischen und methodischen Erkenntnissen gestaltetes Lehrwerk vor, das allen Ansprüchen, die heute von Dozenten und Studierenden gestellt werden, in jeder Beziehung gerecht wird.

Alfred Böge
Mechanik und Festigkeitslehre

Unter Mitarbeit von Walter Schlemmer und Wolfgang Weißbach. Mit 605 Abb., 26 Arbeitsplänen, 20 Lehrbeispielen und 16 Tafeln. 17., überarb. Auflage 1979. XIV, 381 S. DIN C 5 (Viewegs Fachbücher der Technik). Gbd.

Alfred Böge und Walter Schlemmer
Aufgabensammlung zur Mechanik und Festigkeitslehre

Unter Mitarbeit von Wolfgang Weißbach. Mit 516 Abb. und 907 Aufgaben. 7., überarb. Auflage 1979. XII, 211 S. DIN C 5 (Viewegs Fachbücher der Technik). Kart.

Alfred Böge
Formeln und Tabellen zur Mechanik und Festigkeitslehre

Unter Mitarbeit von Walter Schlemmer. 9., überarb. und erg. Auflage 1980. V, 49 S. DIN C 5 (Viewegs Fachbücher der Technik). Kart.

Alfred Böge und Walter Schlemmer
Lösungen zur Aufgabensammlung Mechanik und Festigkeitslehre

Unter Mitarbeit von Wolfgang Weißbach. Mit 738 Abb. 2., überarb. Auflage 1979. 176 S. DIN C 5 (Viewegs Fachbücher der Technik). Kart.